高等院校环境艺术设计"十二五"规划教材

居住空间设计与施工

Juzhu Kongjian Sheji yu Shigong

主　编　蒋　芳　孙云娟
副主编　董秋敏　蒋晓娇　王海文　王红英
参　编　王　明　王　鹏

U0345151

华中科技大学出版社
http://www.hustp.com
中国·武汉

图书在版编目（CIP）数据

居住空间设计与施工 / 蒋　芳　孙云娟　主编. — 武汉：华中科技大学出版社，2013.9（2023.1重印）
ISBN 978-7-5609-8907-5

Ⅰ.居… Ⅱ.①蒋… ②孙… Ⅲ.住宅－室内装饰设计 Ⅳ.TU241

中国版本图书馆 CIP 数据核字(2013)第 092759 号

居住空间设计与施工　　　　　　　　　　　　　　　　　蒋　芳　孙云娟　主编

策划编辑：张　毅
责任编辑：张　毅
封面设计：刘　卉
责任校对：张　琳
责任监印：张正林
出版发行：华中科技大学出版社（中国·武汉）　　　电话：(027)81321913
　　　　　武汉市东湖新技术开发区华工科技园　　　邮编：430223
录　　排：龙文装帧
印　　刷：广东虎彩云印刷有限公司
开　　本：880 mm × 1230 mm　1/16
印　　张：8
字　　数：257 千字
版　　次：2023年1月第1版第3次印刷
定　　价：45.00 元

本书以设计方法与施工材料与技术为重点，以典型案例为载体，以过程演示为手段，以能力培养为目标，对于学生今后的项目设计有着重要的实际指导意义。

在实际教学工作中，我们发现学生对于设计的理解，往往比较热衷于表面的形式。其原因一方面是因为视觉上的美感的确是室内设计要解决的主要问题之一；另一方面是由于学生对现实生活中不同的居住空间缺乏深入的了解，对于不同职业和身份的人的居住需求缺乏真正的理解，对于影响居住空间设计最终效果的材料、施工工艺技术，对于设计思路和设计表达等因素也未能引起真正的重视，这样的结果就是让设计始终流于表面的形式，而深度不足。本书主要就是针对这些问题，展开深入的剖析。

本书最大的特色在于将图纸和施工现场联系起来，针对学生实际操作能力的培养，在介绍居住空间设计原理的同时，将大量的常用材料和施工过程加以详细具体的介绍，弥补了学生只拘泥于课堂所学理论，将丰富真实的材料和施工过程图片展示出来，犹如将学生带到了施工现场，使其能更加直观地感受设计与施工直接的联系。同时以真实案例作为引导，采用图文结合的方式，生动直观地阐述并分析了居住空间设计的方法和图纸的表达等内容，让学生能全方位地了解设计对于施工的指导意义。

本书分为7个章节，编写人员依次排列如下：蒋芳（第一章、第四章）、董秋敏（第二章、第三章）、蒋晓娇（第五章）、孙云娟（第六章、第七章），王明、王鹏参与了部分章节的编写。

特别感谢武汉长江工商学院艺术与设计学院副院长王海文和湖北工业大学土木工程与建筑学院副教授王红英，他们在编写过程中提供了宝贵的建议和大量的资料，对于本书的品质起到了保障作用。

书中的图片大部分来自作者平时积累的资料和实际项目的设计图稿，部分实际案例图纸由武汉优地联创设计工程有限公司提供，部分图片资料由武汉卓意设计职业培训学校郭健老师提供，还有一些来源于国外的设计书籍。

本书可作为高等院校、高职高专、自学考试及专业培训等室内设计、环境艺术设计专业教材，同时还可以作为从事装饰装修工程技术人员的业务参考书。由于编者水平有限，书中难免存在疏漏和不当之处，敬请有关专家与读者批评指正。

编　者
2013 年 7 月

目录

第一章

居住空间设计概论

【教学目标】

通过对居住空间设计概念的讲解，对中西方居住空间设计的发展历程、各种风格及流派的介绍，使初学者了解什么是居住空间设计，以及掌握居住空间设计的流程和方法。

【教学重难点】

要求初学者充分了解居住空间设计的各种风格和流派特点，并通过实际项目的引导，使初学者掌握居住空间室内设计的基本流程和设计方法。

【实训课题】

通过各种渠道（实际案例、网络、图书馆等）收集图片或照片资料，分析居住空间设计各个不同时期的各种不同风格和流派的特点。

第一节
居住空间设计的概念、目的和任务

一、概念

1. 居住空间

当人类第一个可以遮风避雨的简陋庇护所产生的时候，居住空间也就产生了，它是一种以家庭为对象、以居住活动为中心的建筑室内环境。随着社会经济的发展，居住空间由最原始的"巢居"、"穴居"（图1-1、图1-2），演变到现在种类繁多的住宅样式，但是无论居住空间的形式怎样变化和发展，它的基本内涵是不变的，它是人类的住所，是生存的"容器"。

图1-1　原始巢居

图1-2　原始穴居

2. 居住空间设计

在不易被野兽侵袭的地方，原始先民以树干作为木桩，用绳索等将其捆扎起来支起一个屋架，用茅草糊上泥巴搭建成屋顶，再将这个空间分成几个房间，分别为灶房和寝室，甚至还有摆放祖宗牌位的地方，这便是一种最原始的居住空间设计。

现代居住空间设计则根据住宅的使用性质、所处环境和相应标准，运用物质技术手段和设计美学原理，来创造功能合理、舒适优美、满足人们物质和精神生活需要的室内居住环境。这一空间环境既具有使用价值，满足相应的功能要求，又反映了历史文脉、建筑风格、环境气氛等精神因素（图1-3、图1-4）。

图1-3 现代居住空间1   图1-4 现代居住空间2

二、目的和任务

住宅是我们的安身、修身养性之所。围绕人的活动，创造美好的室内环境，就是居住空间设计的主要目的。居住空间设计的任务包含以下内容。

①为居住者的生活提供空间环境，包括睡眠、休息、饮食、盥洗、家庭团聚、会客、视听、娱乐以及学习、工作等，同时满足物品的储存等使用功能。

②从室内环境与人的行为关系研究入手，全方位地深入了解和分析人的居住和行为需求，合理布局室内的各个功能分区，如客厅、餐厅、厨房、卫生间、卧室、书房、阳台等，并力求改善室内原有物理性能，如采光、照明、保温、隔热、智能化等方面。

③改进人们的生活方式，创造新的生活理念。

第二节
居住空间设计的发展历程、风格及流派

一、居住空间设计的发展历程

1. 我国居住空间设计的发展历程

我国居住空间设计作为一门新兴的学科，其历史并不长，但是人们有意识地对其居住的室内环境进行安排布置和美化装饰，却在人类文明伊始的时期就已存在。

（1）原始社会时期

西安半坡村的出土遗址显示，原始社会时期的方形、圆形居住空间，已考虑按使用需要将空间作出分隔，使入口和火炕的位置布置合理（图1-5、图1-6）。方形居住空间近门的火炕安排有进风的浅槽，圆形居住空间入口处两侧也设置有起引导气流作用的短墙。此外，原始氏族社会的居室遗址里，有人工做成的平整光洁的石灰质地面；新石器时代的居室遗址里，还留有修饰精细、坚硬美观的红色烧土地面；原始人穴居的洞窟遗址里，壁面上也绘有兽形和围猎的场面。也就是说，即使在人类建筑活动的初始阶段，人们就已经开始对"使用和氛围"、"物质和精神"两方面的功能同时给予了关注。

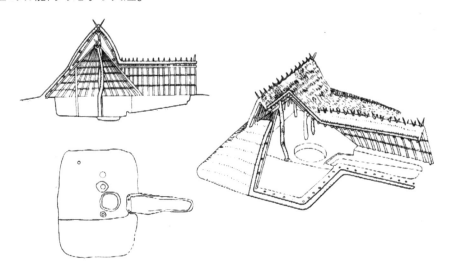

图1-5 西安半坡村的方形住房

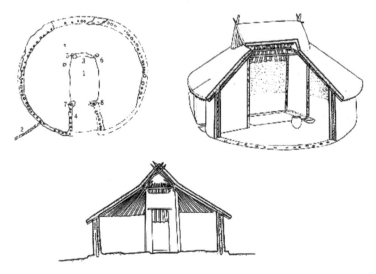

图1-6 西安半坡村的圆形住房

（2）奴隶社会时期

商朝的宫室，从出土遗址显示，其建筑空间秩序井然、严谨规正，宫室里装饰着朱彩木料和雕饰白石，柱下置有云雷纹的铜盘。及至春秋、战国时期的宫室，虽然宫室建筑已荡然无存，但从文献的记载，从出土的瓦当、器皿等实物的制作，以及从墓室精美的窗棂、栏杆的石刻装饰纹样来看，毋庸置疑，当时的室内装饰已经相当精细和华丽。

（3）封建社会时期

秦汉时期住宅建筑的空间布局基本是"前堂后室"的模式，对于居住空间而言，通常用灵活的"帷帐"进行空间组织、分隔和限定，这样不仅满足了居住空间不同使用功能的需要，同时在哲学层面上也体现了道家的"虚实相生"的思想。这种设计方法对中国传统居住空间设计影响深远，跨越千年之后，时至今日对当下居住空间多功能化设计仍有一定的启发意义和借鉴价值。

南北朝时期的多民族融合，使得居住空间的家具陈设逐渐丰富起来，由原来"席地而坐"传统的以低矮型家具为主，变为"以床、榻为中心"家具的陈设方式。家具陈设都是以礼而置、置而有序，人与人、人与物和谐共处，秩序井然，从而营造出居住空间的和谐有序之美（图1-7）。

图1-7 《北齐校书图》

隋唐时期是中国封建社会发展的高峰，家具以雍容华贵为美，其浑圆、丰润的造型和富丽华美的装饰，与唐代贵族妇女的丰满体态协调一致，成为独特的唐代家具设计风格（图1-8）。居住空间顶部界面常将藻井用于重点的部位，如帝王宝座的顶部，渲染重点部位的庄严、神圣的气氛，并突出居住空间的构图中心。隋唐时期家具注重构图的均齐对称，造型雍容大方，色彩绚丽夺目。

图1-8 《韩熙载夜宴图》

元代建筑地面铺砖、瓷砖、大理石，更多的建筑地面铺地毯，墙面、柱面以云石、琉璃装饰，还常常包以织物，甚至饰以金银。元代尚白色，以白为吉，元代宫殿装饰豪华富丽，许多直接出自外国匠师之手，这在此前也是少有的。

明清时期是中国古典居住空间设计的完善与终结时期。传统的建筑室内特征并未发生大的变革，故居住空间设计手法多数仍停留在对建筑构件或其表面进行装饰的层面上。明代家具以做工精巧、造型优美、风格典雅著称于世，明代在国际上被誉为"中国家具的黄金年代"。

（4）近现代

近现代居住空间设计则朝着多元化方向发展。

综上所述，从古至今，居住空间设计与建筑装饰紧密地联系在一起，建筑装饰纹样的运用，也正说明人们对生活环境、精神功能方面的需求。

2. 西方居住空间设计的发展历程

公元前古埃及贵族宅邸的遗址中，抹灰墙上绘有彩色竖直条纹，地上铺有草编织物，配有各类家具和生活用品。

古希腊和古罗马在建筑艺术和居住空间装饰方面已发展到很高的水平。古希腊雅典卫城帕提农神庙的柱廊，起到室内外空间过渡的作用，精心推敲的尺度、比例和石材性能的合理运用，形成了梁、柱、枋的构成体系和独具个性的各类梁柱。

古罗马庞贝城的遗址中，从贵族宅邸居住空间墙面的壁饰、铺地的大理石地面，以及家具、灯饰等加工制作的精细程度来看，当时的居住空间装饰已相当成熟。

欧洲中世纪和文艺复兴以来，哥特式、古典式、巴洛克和洛可可等风格的各类建筑及其居住空间装饰均日臻完美，艺术风格更趋成熟，这些优美的装饰风格和手法至今仍是我们创作时可供借鉴的源泉（图1-9、图1-10）。

图1-9　古罗马万神庙内部装饰　　　　　　　图1-10　巴洛克建筑内部装饰

1919年在德国创建的包豪斯学派，摒弃因循守旧，倡导重视功能，推进了现代工艺技术和新型材料的运用。20世纪20年代格罗皮乌斯设计的包豪斯校舍和密斯·凡·德·罗设计的巴塞罗那博览会德国馆都是上述新观念的典型实例（图1-11、图1-12）。

二、居住空间设计的风格及流派

1. 居住空间设计的风格

风格即风度品格，不同的时代思潮和地区特点形成了不同的居住空间设计风格。一种典型的居住空间风格，往往是一系列被赋予鲜明特征的因素结合在一起而形成的，它可以从功能、结构、样式和装饰上识别出来。世界

图 1-11　包豪斯校舍　　　　　　　　　　图 1-12　巴塞罗那博览会德国馆

历史中，居住空间设计的风格主要分为以下几种：传统风格、现代风格、后现代风格、自然风格和综合型风格。

（1）传统风格

传统风格的居住空间设计，主要表现在强调历史文化的传承和人文特色的延续，设计的灵感多来源于传统的积淀。在中国，传统居住空间中的开间、梁柱、斗拱、藻井、明清式家具等设计特征，向人类展现了中国传统木质结构的设计特征；而西方则以古希腊、古罗马古典样式，以及中世纪和文艺复兴时期的哥特式、巴洛克式、洛可可式等古典样式为传统风格的代表。传统风格即一般常说的中式风格、欧式风格、新古典风格、美式风格、伊斯兰风格、地中海风格等，同一种传统风格在不同的时期、地区，其特点也不完全相同（图 1-13～图 1-16）。

图 1-13　中式风格　　　　　　　　　　　图 1-14　欧式风格

图 1-15　新古典风格　　　　　　　　　　图 1-16　地中海风格

（2）现代风格

现代风格的居住空间设计起源于 1919 年成立于德国的包豪斯设计学院。这种风格突破旧传统，重视功能和空间组织，采用新材料和新结构，造型简洁，反对多余装饰，讲究材料自身的质地和色彩的配置效果，强调非传统的以功能布局为依据的不对称的构图手法（图 1–17、图 1–18）。

图 1-17 现代风格 1　　　　　　　　　　　图 1-18 现代风格 2

极简风格在满足功能需求的基础上，主张"少就是多"的原则，尽量把居住空间的装饰程度降低到最少，注重空间的分隔与联系，重视材料的质感和本色，色调上趋向于清新、典雅。但是这种装饰风格易给人一种平淡、呆板、缺乏生机之感（图 1–19）。

图 1-19 极简风格

（3）后现代风格

20 世纪 70 年代后期，建筑界兴起后现代的设计新潮。后现代设计认为，现代设计的形式千篇一律，设计语言贫乏，过分的理性化，缺少人情味儿和个性化的标准。因此，后现代设计强调设计应包含更多的文化内涵，主张"双重译码"的新概念，即既能让专业人士理解其深奥含义，又能让平常百姓感觉其可爱之处。后现代设计主张对一切文化历史要兼收并蓄，经过重新组合，创造出丰富、复杂和多元的居住空间新形态。但是，后现代设计过分注重装饰的作用，过分强调形式的重要，还有待在实践和发展中不断的自我完善（图 1-20、图 1-21）。

图 1-20　后现代风格 1　　　　　　　　图 1-21　后现代风格 2

（4）自然风格

自然风格主张回归自然，用"田园住宅"来摆脱传统住宅形式的束缚，推崇真实、拙朴的自然美，热衷于独具匠心、手工艺效果与自然材料的粗犷美感。自然风格认为，在高科技发展的今天，只有在朴实的自然当中，人的生理和心理才会趋于平和、安定（图 1-22、图 1-23）。例如，院中有池，池中有喷泉，在墙上爬有一株常青藤，人们可在品茗之时，倾听流水的潺潺之音，感受宁静与安详的氛围。

图 1-22　自然风格 1　　　　　　　　图 1-23　自然风格 2

2. 居住空间设计的流派

流派是指近现代居住空间设计的艺术主张或艺术派别，其作为近现代文化、意识的反映，在社会中受到关注，激起共鸣，引起追随而形成的意识潮流。居住空间设计的主要流派可归纳为高技派、光亮派、白色派、风格派、解构主义派、超现实主义派、新洛可可派、装饰艺术派等。

（1）高技派

高技派又称为重技派，是活跃于20世纪50年代末至70年代的设计流派。当时，在美国等发达国家，混凝土结构已无法满足建造超高层摩天大厦的要求，于是开始使用钢结构。为减轻荷载，在钢结构中大量采用玻璃，这样，一种新的建筑形式形成并开始流行。到了20世纪70年代，航天技术上的一些材料和技术融入到建筑技术之中，构筑成了一种新的建筑结构元素和视觉元素，突出当代工业技术成就，崇尚"机械美"、"时代美"、"精确美"等新的美学精神。例如，在室内暴露梁板、网架等结构构件以及风管、线缆等各种设备和管道。之后逐渐形成了一种成熟的建筑设计语言，因其技术含量高而称为高技派（图1-24、图1-25）。

图1-24　高技派厨房1

图1-25　高技派厨房2

图1-26　光亮派起居室

（2）光亮派

光亮派又称为银色派，强调现代科技的可能性，讲究新型材料及现代加工工艺的精密细致及光亮效果，往往在室内大量采用镜面及平曲面玻璃、不锈钢、铝合金、磨光的花岗石和大理石等作为装饰面材，在室内环境的照明方面，常使用反射、折射等各类新型光源和灯具，在金属和镜面材料的烘托下，营造出光彩夺目、豪华绚丽、移步换景、交相辉映的居住空间环境，表现出丰富、夸张、富于戏剧性变化的居住空间气氛（图1-26）。

（3）白色派

白色派在居住空间设计中大量运用白色作为主基调色彩，造型简洁、色彩纯净、风格文雅。白色不会限制人的思维，同时又可调和、衬托或者对比鲜艳的色彩、装饰。白色派在设计中注重空间和光线的运用，让人产生美的联想（图1-27、图1-28）。

（4）风格派

风格派起源于20世纪20年代的荷兰，以画家蒙德里安等为代表的艺术流派，强调"纯造型的表现"，"要从传统及个性崇拜的约束下解放艺术"。风格派认为"把生活环境抽象化，这对人们的生活就是一种真实"。风格派在居住空间设计中经常采用几何形体以及红、绿、蓝三原色，或以黑、灰、白等色彩相搭配，采用内部空间与外部空间穿插构成为一体的手法，并以屋顶、墙面的凹凸和强烈的色彩对形体进行强调，具有极为鲜明的特

图 1-27　白色派居室 1

图 1-28　白色派居室 2

征与个性（图 1-29、图 1-30）。

图 1-29　风格派客厅

图 1-30　风格派玄关

（5）解构主义派

解构主义是 20 世纪 60 年代，以法国哲学家 J·德里达为代表所提出的哲学观念。解构主义派强调不受历史文化和传统理性的约束，是一种貌似结构构成解体，突破传统构图形式，运用散乱、残缺、突变、奇绝等各种手段创造居住空间形态的派流。解构主义派在居住空间设计中迎合人们渴望新、奇、特等刺激的口味，同时满足人们对个性、自由的追求（图 1-31、图 1-32）。

图 1-31　解构主义派餐厅

图 1-32　解构主义派空间

11

(6) 超现实主义派

超现实主义派在居住空间设计中追求并体现超现实的艺术再现，常采用异常的空间组织、曲面或具有流动弧线形的界面，注重奇特的造型、浓重的色彩和变幻莫测的光影效果；或采用造型奇特的家具与设备，现代派的绘画、雕塑或兽皮等作为饰品，来渲染居住空间的氛围；突出其流动的线条以及抽象的装饰图案的艺术效果；更以其大胆、猎奇的艺术手法，创造出意想不到的空间效果（图1-33）。

(7) 新洛可可派

洛可可原为18世纪盛行于欧洲宫廷的一种建筑装饰风格，雕梁画栋，烦琐堆砌，矫揉造作，纤细矫情，大量采用贵金属，渗透着浓重的脂粉气。新洛可可派继承了洛可可繁复的装饰特点，但装饰造型的"载体"和加工技术却运用现代新型装饰材料和现代工艺手段，从而具有华丽而略显浪漫、传统中仍不失时代气息的装饰氛围（图1-34、图1-35）。

图1-33 超现实主义派空间　　　图1-34 新洛可可派衣帽间　　　　　图1-35 新洛可可派客厅

(8) 装饰艺术派

装饰艺术派起源于20世纪20年代法国巴黎召开的一次装饰艺术与现代工业国际博览会。装饰艺术派从非洲原始艺术和东方艺术中吸取了大量灵感和营养，善于运用多层次的几何线型及图案，重点装饰于建筑内外门窗线脚、檐口及建筑腰线、顶角线等部位（图1-36、图1-37）。

随着历史的发展，新的文化艺术及设计观念不断深入，各种流派层出不穷。例如，新古典主义派注重运用传统美学法则来使现代材料与结构的建筑造型和居住空间产生规整、端庄、典雅、高贵的环境；东方情调派追求"天人合一"、朴素、古雅；新地方主义派强调民俗风情或地方特色；孟菲斯派则以打破常规而风靡一时。流派的表现形式众多，不再一一赘述。

图1-36 装饰艺术派卧室　　　　　图1-37 装饰艺术派书房

第二章

人体工程学与居住空间组织

【教学目标】

通过对人体工程学在居住空间设计中的具体应用、理论讲解以及实际案例分析，使初学者认识到人体工程学在居住空间设计中的重要性，并掌握人体工程学理论研究在居住空间设计中的具体应用。

【教学重难点】

使初学者掌握测量学、生理学、心理学等的基础知识，通过介绍人的静态、动态等的行为，使初学者掌握人体工程学在居住空间设计中的具体应用，培养学生的自主调研能力。

【实训课题】

实训一：对学校环境、学生宿舍、教室、教学办公室等空间进行详细测绘，提出问题和绘制出改进的设计方案。

实训二：拟设计大学学生四人宿舍，根据人体工程学知识进行合理布置和设计，要求详细绘制室内空间和家具等尺寸。

第一节
人体工程学与居住空间设计

居住空间设计的主要目的是创造出有利于人们身心健康的、安全舒适的生活和工作环境，而人体工程学就是为这一目的服务的一门基础性学科。居住空间设计中的人体工程学所涉及的范围非常广泛，例如，人的行为方式，人的居住活动与工作形态，室内家具、设施的形体、尺寸及组合布置，室内声光环境的设计、室内色彩的设计以及人的审美需求等，这些都是居住空间设计的依据。

一、人体工程学在居住空间设计中的应用

"以人为本"是居住空间设计的基本原则，人体工程学可以使人与居住空间环境的关系更加密切，通过对人体特征及活动规律的深入研究，可以确定人在居住空间活动所需要的空间尺寸，从而加强居住空间环境的有效利用，使居住空间设计更加科学合理。

人体工程学在居住空间设计中的应用为：以人为主体，运用人体计测、生理计测、心理计测等手段和方法，研究人体的结构功能、心理、力学等方面与居住空间环境之间合理协调的关系，以适合人的身心活动要求，获得最佳的使用效能，其目标是安全、健康、高效、节能和舒适。

二、人体的尺寸与居住空间的关系

影响居住空间设计的人体尺寸主要有两类，一类是静态尺寸，另一类是动态尺寸。静态尺寸是指人体在固定的标准位置所测得的躯体尺寸，也称为结构尺寸。例如，根据人体的各种静态尺寸，可以确定居住空间设计中标准入户门洞的宽×高为 900 mm×2000 mm，座椅的高度为 400～430 mm，餐桌的高度为 730～760 mm，标准双人床的长×宽为 1800 mm×2000 mm、高度为 400～610 mm 等。

动态尺寸是在活动的人体条件下测得的，也称为功能尺寸。人体在动态情况下，由关节的活动、转动所产生的角度与肢体的长度协调产生的范围尺寸和各种工作和生活活动范围的大小，即动作域，是确定室内空间尺度的重要依据因素之一。例如，根据人抬脚的高度可以确定楼梯台阶踏步的高度一般为 300 mm 等。

家具、设施的形体、尺寸及组合布置必须符合人体的基本尺寸和从事各种活动需要的空间尺寸，并且其周围必须留有活动和使用的最小余地。例如，餐厅一般会放置六人就餐的餐桌，根据人体工程学的要求，如果是圆形餐桌，直径就应该达到 1200 mm，而长方形和椭圆形餐桌，其长、宽应该达到 1400 mm×700 mm，桌子的标准高度应该是 720 mm，椅子的标准高度则为 450 mm。而这时，餐厅的范围必须达到 3000 mm×3000 mm。餐桌离墙应该有 800 mm，这个距离是包括把椅子拉出来，以及能使就餐者方便活动的最小距离。再如，壁柜首先要根据人体操作的可及范围来布置，其次要根据物品的使用频度设计不同的存储区域等。

以下是根据人体的静态尺寸和动态尺寸总结出的室内家具尺寸和空间范围，单位：mm（图 2-1～图 2-6）。

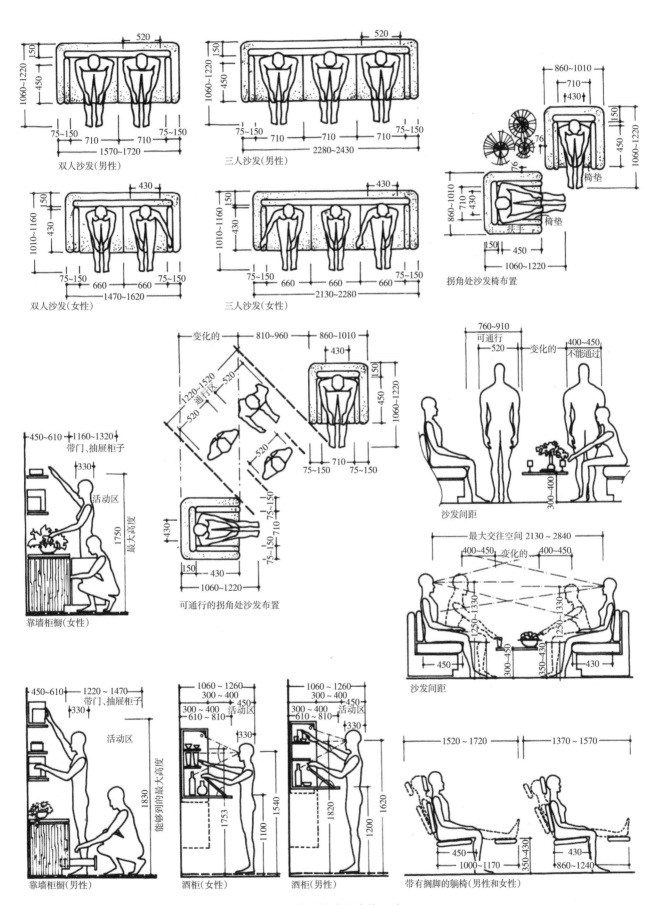

双人沙发(男性)

三人沙发(男性)

双人沙发(女性)

三人沙发(女性)

拐角处沙发椅布置

靠墙柜橱(女性)

可通行的拐角处沙发布置

沙发间距

最大交往空间 2130 ~ 2840

沙发间距

靠墙柜橱(男性)

酒柜(女性)

酒柜(男性)

带有搁脚的躺椅(男性和女性)

图2-1 起居室常用人体尺寸

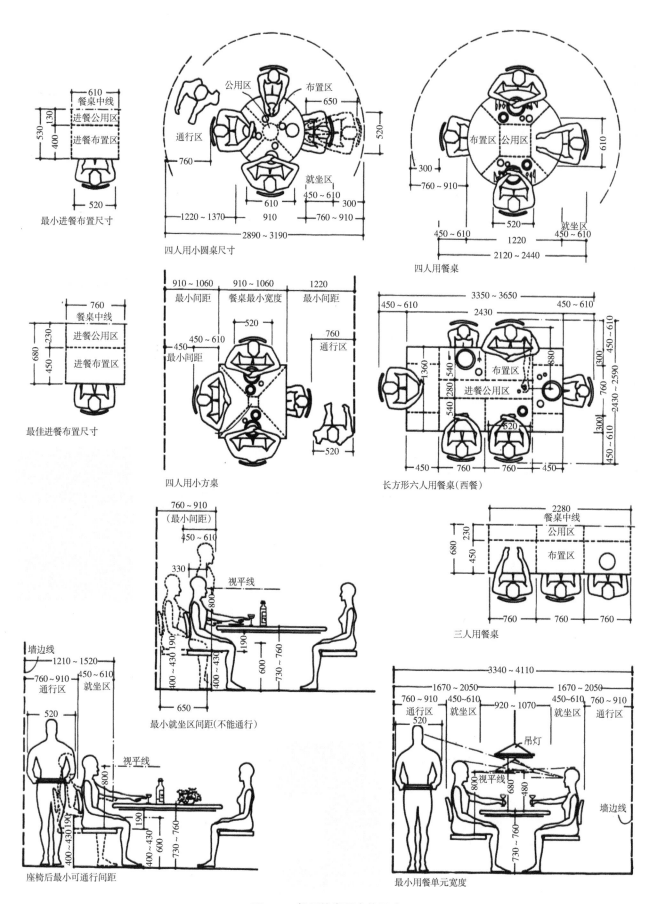

图 2-2 餐厅的常用人体尺寸

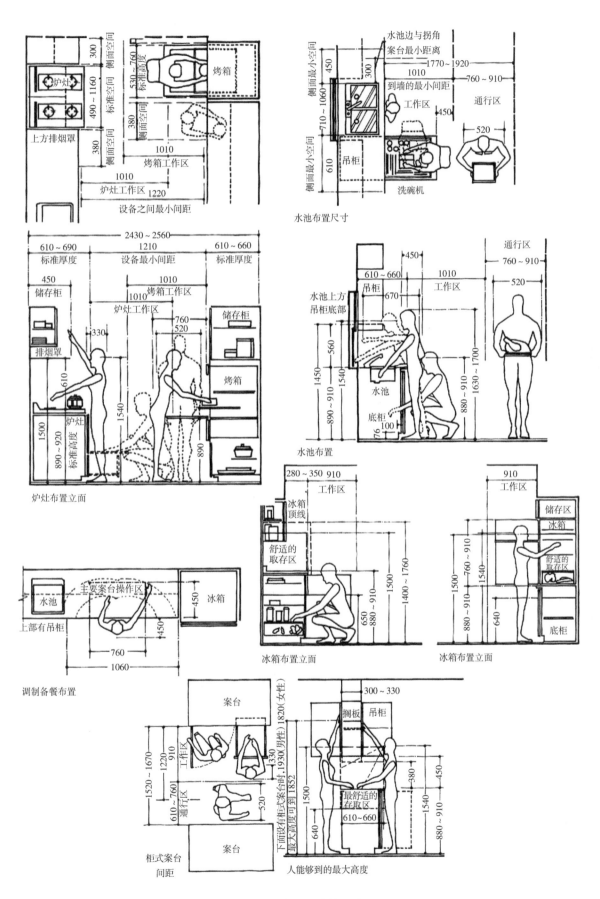

图2-3 厨房常用人体尺寸

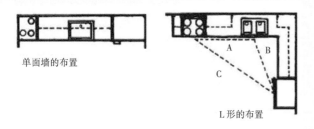
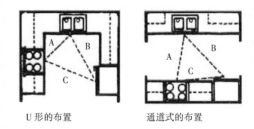

单面墙的布置

L 形的布置

U 形的布置

通道式的布置

家具布置立面

正立面

正立面

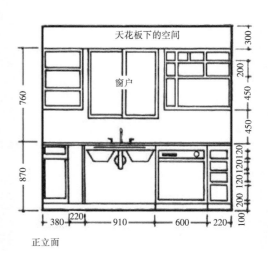

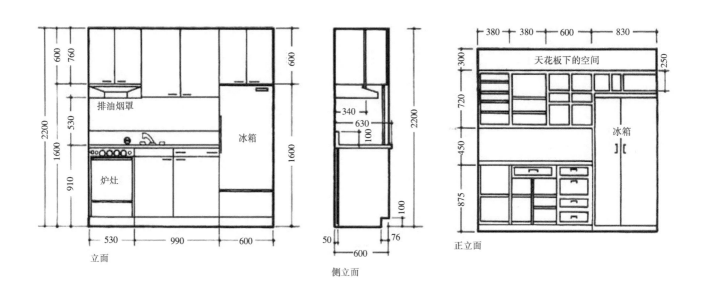

立面

侧立面

正立面

图 2-4 厨房常用人体尺寸

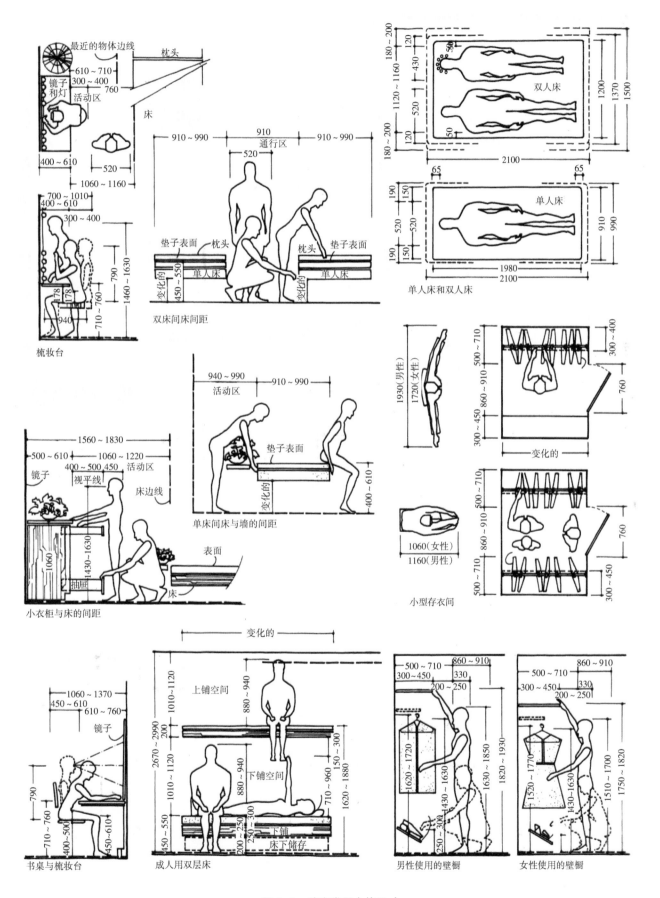

图2-5 卧室常用人体尺寸

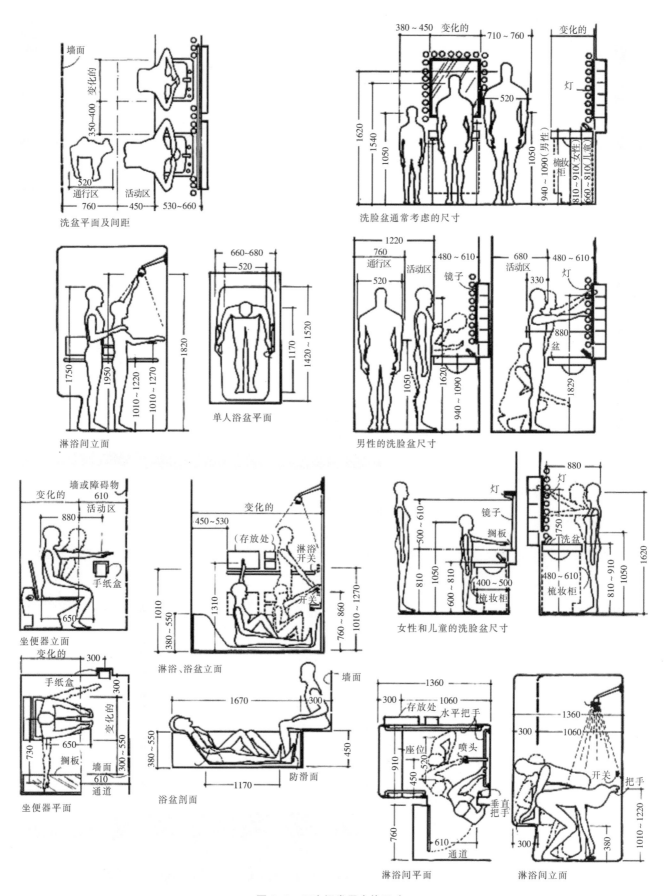

图 2-6　卫生间常用人体尺寸

三、为确定感觉器官的适应能力提供依据

在居住空间设计中，仅仅掌握人体尺寸是不够的，一个好的居住环境，应该在生理上和心理上都能满足人们的需求，不但要有满足整体的布局设计、舒适的功能设施，还应有充足的光线、良好的视觉形象、适宜的环境温度等。

人体工程学对人的感觉（视觉、听觉、触觉、嗅觉等）方面，在不同环境中的刺激程度进行了研究，因此研究这些问题，找出其中规律性的东西，对于确定居住空间设计中各种环境条件(如光线、色彩、场景布置、湿度、温度、声学等要求)都是必要的。

1. 光环境设计

在人们所获得的信息中，有80%来自光引起的视觉。因此，创造舒适的光环境是居住空间设计的主要研究课题，居住空间采光分为天然采光与人工照明两种。

天然采光不仅对人的视觉及健康有利，可以将居住空间外的景色融入居住空间内，而且也是节约能源的最基本的手段。天然采光的主要部件是窗户，窗户分天窗与侧窗两种类型。常见的天窗有矩形天窗、水平天窗、锯齿形天窗、下沉式天窗等。常见的侧窗有落地窗、高台窗等，落地窗视野开阔，可以取得与室外环境的紧密联系；高台窗可以减少眩光，并可以给人良好的安定感和私密性。侧窗越宽则视野越开阔，越高则光照进深越大。在进行居住空间设计时可根据室内环境的需要选用不同的窗型（图 2-7 ~ 图 2-9）。

人工照明即利用各种人造光源的特性，通过灯具造型设计和分布设计，造成特定的人工光环境。居住空间照明是保证人们看得清、看得舒适的必要条件，同时也是渲染居住空间氛围的重要手段。在现代居住空间设计中，

图 2-7　顶部采光

图 2-8　顶侧面采光　　　　　　　　　　　　　　　　　　　图 2-9　侧面采光

艺术照明越来越重要（图 2-10、图 2-11）。

图 2-10　落地灯创造出温馨的效果　　　　　　　　　图 2-11　个性灯具体现不一样的氛围

　　另外，在居住空间设计中，要尽量避免眩光和光线反差过大的情况。例如，当人由暗处进入亮处时，眼睛的瞳孔开始缩小，所以会无法适应突如其来的强光；反之，当人由亮处进入暗处时，眼睛会因无法适应而产生一片漆黑的短暂感觉，这就是人眼感官在受到外界条件的刺激下而产生的光适应特性，所以在居住空间的门厅玄关设计时，应尽量将门厅的光线处理得柔和一些。

2. 色彩环境设计

居住空间色彩不仅应满足空间的使用功能的要求，而且要能够满足人的心理审美需求，这是居住空间色彩设计的一般要求。不同的色彩会给人以不同的心理感受，同时也会影响人的健康。例如，粉红色会给人温柔舒适感，但长期生活在粉红色的环境中会导致视力下降、听力减退、脉搏加快，因此粉红色在居住空间设计中不易大量运用；以白色为主色调会使狭小的空间获得宽敞感，但患孤独症或抑郁症的人不宜在这种环境中长期居住（图2-12、图2-13）。

3. 声环境设计

居住空间声环境设计首先要避免噪声，其方法很多，如采用具有消音隔声功能的楼板、门窗，同时还可以用吸声板作室内墙面。除此之外，不同的居住空间环境对声环境的要求也不同。

图2-12　活泼的粉色客厅、卧室

图2-13　纯洁、宁静的白色客厅

第二节
居住空间的空间组织

人们生活起居绝大部分活动都是在居住空间内进行的，其大小、形状、比例、开敞与封闭程度等，直接影响居住环境的质量和人们的生活质量。天花、墙、地面、柱子、门窗等是围合空间的实体，而真正供人使用的则是这些被实体围合的空间。对于居住者而言，居住空间的作用不仅在于其功能价值，还在于其具有很强的艺术感染力。

一、居住空间的形态

空间形态是空间环境的基础，它决定空间总的效果，对空间环境的气氛、格调起着关键性的作用。居住空间各种不同的处理手法和不同的目的要求，最终将凝结在各种形式的空间形态之中。

1. 下沉空间

室内局部地面下沉，在统一的居住空间中就产生了一个心理上相对独立的、富有变化的空间。由于下沉空间的地面比周围的要低，因此有一种隐蔽感、保护感，使其成为具有一定私密性的小空间。人们在其中休息、交谈、工作或学习，会感觉受到干扰较少（图2-14、图2-15）。

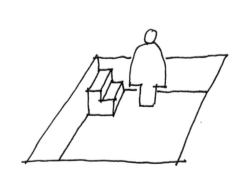

图2-14 下沉空间　　　　　　　　　　　图2-15 下沉的休闲室

2. 地台空间

地台空间与下沉空间相反，由于地面升高形成一个台座，与周围空间相比变得十分醒目突出。现代住宅的卧室或起居室虽然面积不大，但也可以利用地面局部升高的地台来布置床位或座位，有时还利用升高的踏步直接当成坐席使用，使室内家具和地面结合起来，产生更为简洁而富有变化的、新颖的居住空间形态（图2-16、图2-17）。

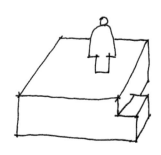

图 2-16 地台空间

图 2-17 休闲区地台

3. 外凸空间

外凸空间是指居住空间局部向外延伸的一种空间形态。大部分外凸空间能更好地伸向大自然、水面，达到三面临空的形态，使室内外空间融合在一起。住宅建筑中的飘窗、阳台、日光室等都属于这一类（图 2-18、图 2-19)。

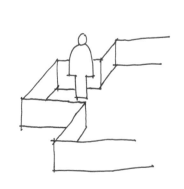

图 2-18 凸室

图 2-19 飘窗

4. 回廊与挑台

回廊与挑台常采用于门厅和休息厅，以凸显其入口宏伟。结合回廊，有时还常利用扩大楼梯休息平台，布置一定数量的桌椅作为休息交谈的独立空间，并造成高低错落、生动别致的居住空间环境（图 2-20、图 2-21）。

5. 围合空间

通过围合的方法来限定空间是最常见、最典型的空间限定方法，居住空间设计中用于围合的限定元素很多，常用的有隔墙、隔断、家具、布帘、绿化等。由于这些限定元素在高低、疏密、质感、透明度等方面的不同，其所形成的限定度也各有差异，从而使所限定的相应的空间感觉也不尽相同（图 2-22、图 2-23）。

二、居住空间的类型

1. 固定空间和可变空间

固定空间是一种使用目的明确、空间位置固定，用固定不变的界面围隔而成的空间。例如，居住空间设计中常将厨房、卫生间固定不变，而其余空间可以按需要自由分隔。

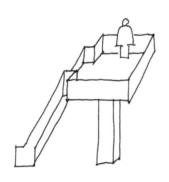

图 2-20　挑台

图 2-21　挑台形成的夹层空间

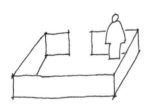

图 2-22　围合空间

图 2-23　半隔断墙围合空间

可变空间则与固定空间相反，为了能适合不同使用功能的需要而改变其空间形式，因此常采用灵活可变的分隔方式，如折叠门、可开可闭的隔断（图 2-24、图 2-25）。

图 2-24　装饰隔断分隔的固定空间

图 2-25　用缩门将客厅和餐厅进行灵活分隔

2. 静态空间和动态空间

静态空间形式比较稳定，构成单一，有较为明显的视觉中心，空间表达清晰明确。在居住空间里，常把家具作封闭形周边布置，天花与地面上下对应，吊灯位于空间的几何中心，空间限定得十分严谨（图2-26）。

动态空间具有空间的开敞性和视觉的导向性等特点，界面具有连续性和节奏性，使人的视觉处于不停地流动状态（图2-27、图2-28）。

图2-26　以吊灯为中心的静态空间

图2-27　具有韵律感的动态空间

图2-28　具有视觉导向性的楼梯

3. 开敞空间和封闭空间

开敞空间是指侧界面开启较大的、外向性的空间。开敞空间的限定性不明确，私密感较弱，追求与周围环境的交流、渗透，讲究与室外大自然景色的融合。在空间感上，开敞空间是流动的，它能够扩大居住者的视野（图2-29、图2-30）。

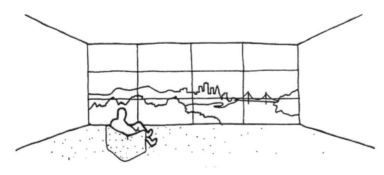

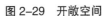

图2-29　开敞空间

图2-30　与自然景色融合为一体的开敞空间

封闭空间是用限定性比较强的围护实体，如承重墙、轻质隔墙等包围起来的空间，它是静止的、凝滞的，有利于隔绝外来的各种干扰，并在视觉、听觉上都有一定的隔离性（图2-31、图2-32）。

4. 肯定空间和模糊空间

肯定空间是指界面清晰、范围明确、具有领域感的空间（图2-33）。模糊空间是在空间位置上处于两部分空间之间而难以界定其所归属的空间，由此而形成空间的模糊性、含蓄性，多用于空间的联系、过渡等（图2-34）。

5. 虚拟空间和虚幻空间

虚拟空间是指在界定的空间内，通过围合空间形式上的变化在心理上创造的二次限定的空间，如改变界面的

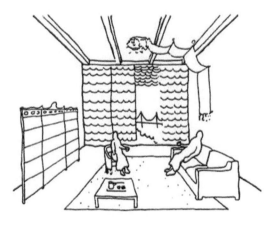

图 2-31　封闭空间

图 2-32　私密性强的封闭空间

图 2-33　肯定的餐厅空间

图 2-34　模糊的餐厅空间

材质或色彩，局部升高或降低地坪或天棚来限定空间等（图 2-35、图 2-36）。

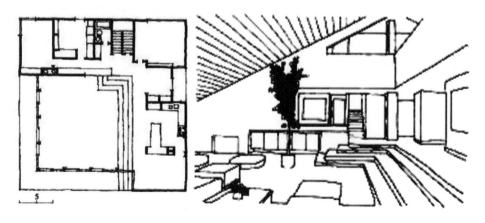

图 2-35　下沉空间形成虚拟空间

虚幻空间通过居住空间镜面反射或界面装饰产生虚像，造成空间扩大的视觉效果，把人们的视线引向远方，造成空间深远的意象（图2-37）。有时还通过几个镜面的折射，把原来平面的物件造成立体空间的幻觉，丰富居住空间景观。

图2-36　升高地坪形成虚拟空间　　　　　　　　图2-37　镜面反射产生扩大空间的效果

三、居住空间的组合

空间组合首先应该根据居住空间的基本要求进行创造，从单个空间的设计到整体空间的序列组织，由外到内，由内到外，反复推敲，使居住空间组织达到科学性、经济性、艺术性，理性与感性的完美结合。

1. 空间的分隔和联系

居住空间的分隔，是根据居住空间功能的不同，利用天棚、地面的高低变化或色彩、材料质地的变化，对空间在垂直和水平方向进行各种各样划分的（图2-38～图2-41）。

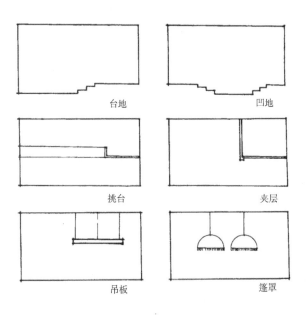

台地　　　　　凹地

挑台　　　　　夹层

吊板　　　　　篷罩

图2-38　水平分隔的方式

图2-39　通过挑台将空间进行垂直分隔

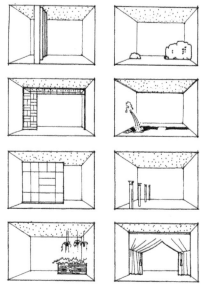

图 2-40　垂直分隔方式

图 2-41　通过花格将空间进行水平分隔

2. 空间的衔接和过渡

空间之间的衔接和过渡要自然流畅，要能够保证人们从居室的一个空间进入到另一个空间时，感到合理而顺畅，如进入居室前的玄关（图 2-42、图 2-43）。

图 2-42　入户玄关

图 2-43　起引导作用的端景

第三章

居住空间采光照明

【教学目标】

通过对照明概念、基本光源的介绍，对居住空间的基本照明要求有所了解，特别是对于灯具的运用在居住空间中所起到的效果有直观的感受。通过本章的学习，能为后面的顶面图或天花的设计做好基础铺垫。

【教学重难点】

重难点在于不同的照明方式对空间环境的影响，特别是各类常用光源在居住空间中的应用。

【实训课题】

对于某特定的居住空间进行光源的设计，如书房、客厅、儿童卧室等。要求布置出平面图、顶面图和主要立面图。

第一节
光的基本概念

提高居住空间环境的技术性与艺术性，是衡量现代生活质量的重要标志。光环境设计的目的实际是要形成一个良好的、使人舒适的，并且满足人们的心理、生理需求的照明环境。它是影响人们行为的最直接因素，它直接影响到人们对物体大小、形状、质地和色彩的感知（图3-1）。

图 3-1　照明提升居住空间的艺术性

一、照度

物体表面得到的光通量与被照射的面积之比称为这个表面的照度，其单位为 lx。不同的照度给人不同的感受，照度太低易造成疲劳和精神不振，照度太高则往往会刺激性太强，使人过分兴奋。

二、色温

色温是表示光源光谱质量最通用的指标，通常用热力学温度单位 K 来表示。色温会影响室内的气氛，居住空间室内外环境照明常用光源按其外观效果分为暖色光源、中间色光源和冷色光源等。不同色温光源呈现的外观效果各不相同，色温低为暖色，色温增高则逐渐为黄色到白色，色温再高则带蓝色，偏冷（图3-2）。

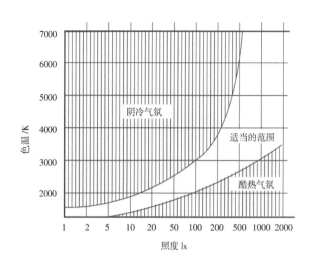

图 3-2　照度、色温与室内空间气氛的关系

三、亮度

亮度是指发光体表面在某个特定方向的发光（或反光）强弱的物理量，亮度反映物体表面的明亮程度，而人们主观感受到的物体明亮程度，除了与物体表面亮度有关外，还与人们所处环境的明亮程度有关。例如，同一亮度的表面，分别放在明亮和黑暗环境中，人们就会感到放在黑暗中的表面要比放在明亮环境中的亮。要创造一个良好的光照环境，就需要亮度分布合理和室内各个面反射率选择适当，亮度差异过大，会引起视觉疲劳；亮度过于均匀，又会使室内显得呆板。相近环境的亮度应当尽可能低于被观察物的亮度，通常被观察物的亮度如果为相邻环境亮度的3倍，视觉清晰度就会好些。

四、光源

光源包括整套灯光系统，如房间、反射镜、电灯等。所有的设备都装配齐备后，才称为完整的灯光系统。

五、亮度率和对比率

亮度率是指在视觉范围内，最亮的区域与最暗的区域的对比率。在讨论房间环境亮度时，灯光设计师经常都会使用到亮度率这个术语。在描述投影机和显示设备时，对比率是设计师最常用的术语。从根本定义上来讲，亮度率和对比率是大同小异的。

第二节
光源类型

光源可以分为自然光源和人工光源两类。

一、自然光源

通常将居住空间对自然光的利用称为自然采光。自然光源主要是指日光，日光的光源是太阳。采用自然光源可以节约能源，并且在视觉上更为习惯和舒适（图3-3），心理上更能与自然接近、协调，但它受时间的限制。在没有自然光的情况下，可以通过人工光源照明（图3-4）。

图 3-3 自然采光较好的房间

图 3-4 休闲区采用人工照明

二、人工光源

人工照明就是采用可发光的物体进行居住空间照明，常指灯光照明。它是夜间主要光源，同时又是白天居住空间光线不足时的重要补充。人工照明可以较自由地调整光的方向、色彩，是使用最广泛的照明方式。人工光源主要有白炽灯、卤钨灯、荧光灯、发光二极管灯。

1. 白炽灯

白炽灯是最普通的热辐射光源，是重要的点光源，具有造价低廉、色彩品种多、色光接近太阳光、易于进行光学控制并可适合各种用途等优点，但光效率较低、寿命较短（图 3-5）。

2. 卤钨灯（卤素灯）

卤钨灯属于热辐射光源，是在硬质玻璃或石英玻璃制成的白炽灯泡或灯管内充入少量卤化物（如碘化物或溴化物）而制成的。卤钨灯的工作原理与白炽灯的一样，但与白炽灯相比，其光效高，光色更白，色调更冷。卤钨灯改变了普通白炽灯的黑化现象，且具有体积小、便于控制、输出光通量稳定等特点，提高了使用寿命，其使用寿命是白炽灯的 1.5 倍，且保持了白炽灯显色性好的优点。缺点是价格比白炽灯高几倍至几十倍。卤钨灯可以用于大面积照明和定向照明的场所（图 3-6）。

3. 荧光灯

低压水银荧光灯通称荧光灯。荧光灯发光的颜色取决于在灯管内侧的磷光体涂层，可分为日光色、冷白色、

图 3-5 白炽灯

图 3-6 卤钨灯

白色、暖白色、蓝色、黄色、绿色和粉红色等。荧光灯与白炽灯相比，最突出的优点是光效高（为白炽灯的 4~6 倍）和使用寿命长。缺点是显色性差、装饰性差，另外还有频闪现象。常见的有 T12、T8、T5、T4 四种类型。紧凑型荧光灯管常见的有 U 形管和螺纹管两种类型（图 3-7）。

4. 发光二极管灯

发光二极管（LED）是一种固态的半导体器件，它可以直接把电转化为光。LED 灯的灯泡体积小、重量轻，并以环氧树脂封装，可承受高强度机械冲击和振动，不易破碎，且亮度衰减周期长，所以其使用寿命可长达 50000~100000 小时。LED 灯不仅可大幅降低灯具替换的成本，又因其具有极小电流即可驱动发光的特质，在同样照明效果的情况下，耗电量也只有荧光灯的一半，因此 LED 灯也同时拥有省电与节能的优点（图 3-8）。

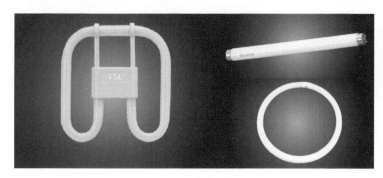

图 3-7　各类管形的荧光灯　　　　　　　　　　　图 3-8　LED 灯

第三节
照明方式与灯具类型

居住空间照明设计，不再以光线充足为唯一目的，照明设计要满足人们的生理需求和心理需求，融实用性和审美性于一体。在照明设计中选择灯具时，应综合考虑以下几点：①灯具的光特性，包括灯具效率、配光、利用系数、表面亮度、眩光等；②经济性，包括价格、光通比、电消耗、维护费用等；③灯具使用的环境条件，包括是否要防爆、防潮、防震等；④灯具的外形与室内居住环境是否协调等。

一、照明方式

1. 按光照形式分类
按光照的形式，照明方式可分为直接照明、间接照明、漫射照明（图 3-9）。

2. 按照明的布局形式分类
按照明的布局形式，照明方式可分为基础照明、重点照明和装饰照明。

（1）基础照明

基础照明是指大空间内全面的、基本的，采用均匀的固定灯具，给室内提供最基本的照度，并形成一种格调，不考虑特殊部位的需要，以照亮整个场地而设计的照明（图 3-10）。

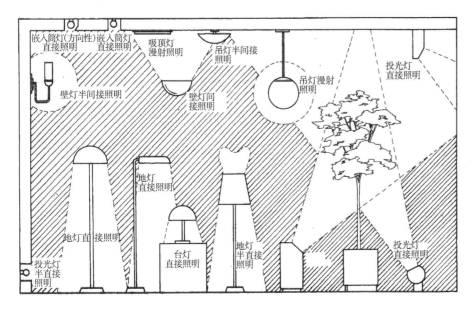

图 3-9　不同灯具的照明形式

图 3-10　基础照明

(2) 重点照明

重点照明是指对主要场所和对象进行的重点投光，目的是突出重点目标或引起人们对于某一部分的注意。一般重点照明的亮度是基本照明的 3 ~ 5 倍（图3-11）。

图 3-11　重点照明

(3) 装饰照明

为了对居住空间进行装饰，增加空间层次，营造环境气氛，常采用装饰照明。装饰照明强调灯具本身的艺术效果，而照明只是辅助功能，一般使用装饰吊灯、壁灯、挂灯等图案形式统一的系列灯具。（图 3-12）。

二、灯具类型

1. 吊灯

吊灯是悬挂在居住空间顶棚上的照明灯具，利用钢管、吊链或其他垂吊工具将灯具悬挂在居住空间某一高度上，经常用于大面积范围的一般照明。吊灯一般处于居住空间的中心位置，所以具有很强的装饰性，影响着室内的装饰风格（图 3-13）。

图 3-12　装饰照明

图 3-13　卧室吊灯

2. 日光灯、格栅灯

居住空间的普通照明设备还有日光灯、格栅灯等。日光灯易产生眩光且易积灰。格栅灯可保证光能的充分利用，但造型简陋，装饰效果不强（图 3-14）。

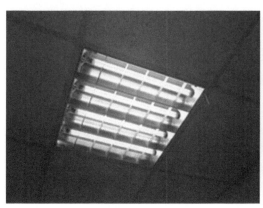

图 3-14　普通格栅灯和日光灯

3. 吸顶灯

吸顶灯直接安装在顶棚面上。吸顶灯种类繁多，但可归纳为以白炽灯为光源的吸顶灯和以荧光灯为光源的吸顶灯两类。吸顶灯与吊灯的不同之处是在使用空间上，吊灯多用于较高的、比较重要空间环境中，而吸顶灯由多用于较低的空间中（图 3-15）。

4. 壁灯

壁灯除了有实用价值外，也有很强的装饰性，它不仅自身的造型产生装饰作用，而且它所发出的光线也可以起到装饰作用，使平淡的墙面变得光影丰富。另外，它与其他照明灯具配合使用，可以丰富居住空间光环境，增强空间层次感，改善明暗对比。壁灯的安装高度一般是 1.8～2 m，不宜太高，同一墙面上的灯具高度应该统一（图 3-16）。

5. 筒灯、射灯

筒灯、射灯是利用光束集中照射于某一物品、某一场地的照明灯具，如壁画射灯、窗头射灯等，其特点是可以通过集中投光以突出特别需要强调的物体（图 3-17）。

6. 落地灯、台灯

落地灯、台灯是客厅、起居室等空间的局部照明灯具，主要作用是便于阅读、工作，也起到画龙点睛的装饰

图 3-15 厨房嵌入式的吸顶灯

图 3-16 过道壁灯

效果（图 3-18）。

7. 灯带

灯带是一种居住空间装饰性照明灯具，它利用建筑结构或室内装修对光源进行遮挡，使光投向上方或侧方，通过反光照射室内。灯带是间接照明，能营造柔和、均匀的光环境。发光灯槽的处理，会使居住空间顶棚更具有层次感，同时顶棚被照亮，使整个空间有被增高的感觉（图 3-19）。

图 3-17 筒灯和射灯

图 3-18 客厅落地灯

图 3-19 客厅灯带

第四章

居住空间设计常用装饰材料

【教学目标】

使初学者了解居住空间设计中常用的各种装饰材料，并使初学者结合实际工程照片掌握整套居室装饰装修的施工流程。

【教学重难点】

要求初学者全面掌握各种装饰材料的性能特点、规格和材料的质感设计等，并掌握整套居室室内设计施工流程。

【实训课题】

实训一：教师提供某居住室内的原始结构图，要求根据功能和风格特点设计并绘制出平面、顶棚、立面图和手绘效果图，并附上装饰材料设计说明。

实训二：要求进行市场调研，了解并掌握目前市场上流行的居室装饰材料及其品牌，关注最近市场动态，掌握新型装饰材料的特点和用途，制作成 PPT 后在课堂上进行调研成果汇报。

居住空间设计装饰材料是指用于居住空间内部墙面、顶棚、地面、柱面等的罩面材料。现代居室装饰材料，不仅有隔热、防潮、防火、隔音、吸声等多种功能，起着保护建筑物主体结构、延长建筑使用寿命以及满足某些特殊要求的作用，同时还能改善居室的环境，使人们得到美的享受，是现代建筑装饰不可缺少的一类材料。

居住空间设计装饰材料按照传统的分类，主要有实材、板材、片材、型材、线材五大类型；按材质分类，有石材、木材、装饰饰面板材、陶瓷、涂料、金属、玻璃、塑料、无机矿物、纺织品等种类。

第一节
饰面石材

饰面石材主要包括天然石材和人工石材两类。

1. 天然石材

天然石材是一种具有悠久历史的建筑材料，主要为花岗岩和大理石。经表面处理后可以获得优良的装饰性，对建筑物起保护和装饰作用。

（1）花岗岩

花岗岩又称为岩浆岩或火成岩，属于硬石材，具有良好的硬度和抗压强度，耐磨性也较好，耐酸碱、抗冻、耐腐蚀、不易风化、表面平整光滑，质感强，通常呈现灰色、黄色、深红色等色泽。花岗岩一般使用年限约数十年至数百年，是一种较高档的装饰材料（图4-1）。

花岗岩具有一定的放射性，若大面积用在封闭且狭小的空间里，会对人体健康造成不利影响，所以居室内部相对较少使用。一般多用于建筑外墙面和地面的装饰，若应用在室内装饰，则多用于室内局部墙面、地面、柱子、楼梯踏步、窗台板、厨房台面等的表面铺贴。

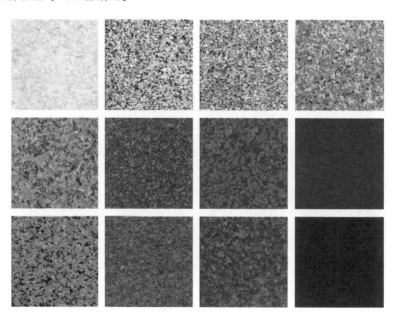

图4-1 花岗岩

(2) 大理石

大理石原指产于云南省大理的白色带有黑色花纹的石灰岩，后来逐渐发展成对有各种颜色花纹的、用来做建筑装饰材料的所有石灰岩的称呼（图4-2）。大理石的强度不及花岗岩，相对于花岗岩更易于雕琢、磨光。纯大理石为白色，我国又称为汉白玉，但分布较少。

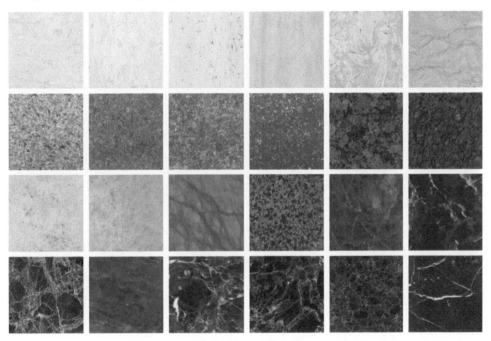

图4-2　大理石

大理石的抗风化性能较差，不宜用作室外装饰，可用于室内墙面、地面、台面、柱子等各部位的贴面装饰，但在磨损率高、碰撞率高的部位应慎重考虑。常见的大理石品种有：黑金砂、月光黑、英国棕、啡网纹、西施红、爵士白、大花白等，其中又分国产和进口多种，具体规格根据设计需求可订制加工（图4-3）。

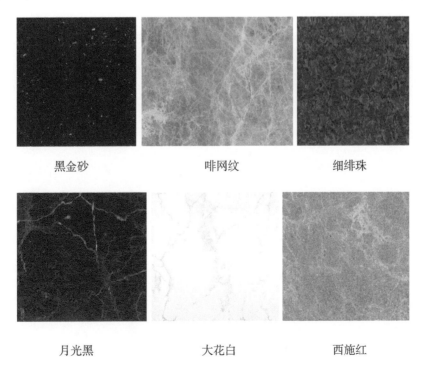

黑金砂　　　　　　　　啡网纹　　　　　　　　细绯珠

月光黑　　　　　　　　大花白　　　　　　　　西施红

图4-3　大理石

2. 人造石材

人造石材具有无毒、阻燃、不粘油、不渗污、耐磨等特点，并能无缝拼接，其装饰效果堪比天然大理石。因生产工艺不同，人造石材又分为聚酯型人造石、亚克力人造石、复合型人造石、水泥型人造石等。

(1) 聚酯型人造石

聚酯型人造石具有天然花岗岩、大理石的色泽花纹，价格低廉，抗压强度较高，重量轻，吸水率低，抗污染性能优于天然石材。聚酯型人造石一般用于居室中的厨房台面，长度一般为 2400～3200 mm，宽度在 650 mm 以内，厚度一般为 10～15 mm，也可根据设计需要订制加工（图 4-4、图 4-5）。

图 4-4　聚酯型人造石

图 4-5　聚酯型人造石厨房台面

(2) 亚克力人造石

亚克力人造石具有表面质感细腻、光泽度高、颗粒层次感强、无毒、无辐射、高韧性、不易开裂变形等特点。常用于居室中的厨房台面、卫生间台面、窗台、餐台等（图 4-6）。尺寸可根据设计需要订制加工。

(3) 复合型人造石

复合型人造石是介于上述两种人造石之间的实用型人造石（图 4-7）。宾馆大堂、室内停车场地面经常采用复合人造石作为天然石材的边界拼接，相对于天然石材而言，它成本低廉，施工方便。

(4) 水泥型人造石

水泥型人造石一般用于公共空间墙面、地面、柱子、台面、楼梯踏步等处，本书中不做详细阐述。

图 4-6 亚克力人造石厨房台面

图 4-7 复合型人造石地面

第二节

木材

1. 木芯板

木芯板又称为大芯板或细木工板，是将原木切割成长短不一的条状，然后拼接成芯，在上下两面胶贴 1～2 层胶合板或其他饰面板，再经过压制而成，是室内装饰工程中的首选材料（图 4-8）。木芯板的板芯常用椴木、松木、柳桉木、柚木、杉木、泡桐、杨木、桦木等树种。

木芯板可用于各种家具、隔墙、隔断、门窗、门窗套、天花造型、暖气罩、窗帘盒及装饰饰面基层骨架制作等，是一种低成本装饰型材，亦可谓是"万能板"。成品规格（长×宽）一般为 2440 mm×1220 mm，厚度为 12 mm、15 mm、18 mm 等。

2. 指接板

指接板是一种新型的实木材料，由多块木板拼接而成，上下不再粘压夹板，而采用锯齿状接口，类似两手手指交叉对接，故称指接板（图 4-9）。因指接板上下无须粘贴夹板，用胶量大大减少，所以是比细木工板更为环保的一种板材。

指接板可直接用于制作家具，表面不用再贴饰面板，既有独特的纹理和色泽，又经济环保。指接板常见的规格（长×宽）一般为 2440 mm×1220 mm，厚度一般有 12 mm、14 mm、16 mm、18 mm 四种，最厚可达 36 mm。

3. 胶合板

胶合板又称为夹板，是一种人造板。胶合板的外观平整美观，天然质朴，幅面大，收缩性小，可以弯曲，并能任意加工成各种形态（图 4-10）。

图 4-8　木芯板

图 4-9　指接板

图 4-10　胶合板

胶合板是居室装修中最常使用的材料之一，主要用于木质制品的背板、底板，由于厚薄尺度多样，也可以配合木芯板用于结构细腻处，弥补了木芯板厚度均一的缺陷；还因其质地柔韧、易弯曲，所以多用于制作隔墙、弧形天花造型、装饰门面板和墙裙等构造（图 4-11）。规格（长×宽）一般为 2440 mm×1220 mm，厚度分别为3 mm、5 mm、7 mm、9 mm、12 mm、18 mm、22 mm。

4. 纤维板

纤维板又称为密度板，是采用森林采伐后的剩余木材、竹材和农作物秸秆等为原料，经机器打碎分成单体纤维，进行干燥后添加树脂或其他适用的胶粘剂制成板坯，再经过热压后制成的一种人造板材（图 4-12）。

高密度纤维板如奥松板可应用于制作家具底板、墙和顶棚的嵌板、门的包层、隔板等，中硬质纤维板甚至可以替代普通木板或木芯板，也常用于制作家具、橱柜门芯、墙板、隔板等的制作材料（图 4-13）；软质纤维板多用作吸声、绝热材料，如墙体吸音板。纤维板型材规格（长×宽）一般为 2440 mm×1220 mm，厚度为 3～25 mm 不等，价格也因此不同。

5. 木方

木方俗称为方木，是将松木、椴木、杉木等树木加工锯切成截面为长方形或正方形的木条（图 4-14），无需上漆，但在做内部结构时会根据需要刷上防火涂料。

木方一般用于居室装修中的木龙骨（包括顶棚龙骨和地板龙骨）及装饰造型内部框架、隔墙、门窗材料、家

图 4-11　胶合板制成的弧形天花造型

图 4-12　密度板材

图 4-13　奥松板制作的鞋柜

图 4-14　木方

具等（图 4-15），也是居室装修中常用的一种材料。木方的规格一般长度为 400 mm，截面（长×宽）为 20 mm×30 mm、30 mm×40 mm、30 mm×50 mm、40 mm×40 mm 等。

图 4-15　木方制作的客厅吊顶

第三节
装饰饰面板材

1. 薄木贴面板

薄木贴面板又称装饰板，是胶合板的一种，全称为装饰单板贴面胶合板，它是以胶合板为基础，面贴各种天然木材或木薄片，然后热压而成的一种表面材料。

薄木贴面板广泛用于装修中家具、木制构件、门窗、装饰造型等的表面装饰（图 4-16、图 4-17）。规格（长×宽×厚）一般为 2440 mm×1220 mm×3 mm。

图 4-16　薄木贴面板楼梯　　　　　图 4-17　薄木贴面板书柜

2. 防火板

防火板又称为耐火板，具有耐热、阻燃、防水、耐磨、耐擦洗、耐酸碱、耐腐蚀、表面不易褪色、容易保养及不产生静电等优点，但缺点是易断、不能弯折和做造型。防火板图案和花色种类丰富，有净面色、仿石纹、仿木纹、仿皮纹和仿织物等多种。

防火板因其耐高温、防明火的特点，所以在居住室内一般用于厨房橱柜的台面和柜门的贴面装饰，同时还具有很好的审美效果（图 4-18）。一般规格（长×宽）为 2440 mm×915 mm、2440 mm×1220 mm，厚度为 0.6 mm、0.8 mm、1.0 mm、1.2 mm 不等。

3. 铝塑板

铝塑板全称为铝塑复合板，是采用内外两面高纯度铝片和 PE 聚乙烯树脂经过高温高压一次性构成的复合装饰板材（图 4-19）。铝塑板外部经过特种工艺喷涂，艳丽多彩，长期使用不褪色，且耐腐蚀、耐冲击、隔热、隔音、防火、防潮、抗震性能好、质轻、易加工成型、易搬运安装。

铝塑板在居室内一般用于家具、柜台、柱子、天花板、墙面造型等装饰部位，规格（长×宽）一般为 2440 mm×

图 4-18　防火板厨房柜门

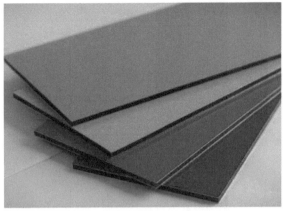

图 4-19　铝塑板

1220 mm，1250 mm×3050 mm，分为单面和双面两种，单面铝塑板的厚度一般为 3 mm、4 mm，双面铝塑板的厚度为 5 mm、6 mm、8 mm。

4. 亚克力板

亚克力即有机玻璃，是英文 acrylic 的音译，有的译为压克力。亚克力板品种繁多、色彩丰富，有着极佳的透明度，无色透明亚克力板的透光率高达 92%以上；耐候性优良，加工性能良好，既适合机械加工又易热成型；表面可以染色、喷漆、丝印或真空镀膜，为设计者提供了多样化的选择。

亚克力板常用于室内装饰装修中门窗玻璃的代用品，尤其是用在容易破碎的场合，此外还可用于室内墙板、展示台柜和灯具等构造上（图 4-20、图 4-21）。常用的规格（长×宽）为 1500 mm×1000 mm、2100 mm×600 mm、2440 mm×1220 mm、2450 mm×1250 mm、2000 mm×1500 mm、3000 mm×2000 mm、3100 mm×2100 mm，厚度一般为 1～20 mm。

图 4-20　亚克力板制作的灯罩

图 4-21　黑色亚克力板制作的隔断

5. 波纹板

波纹板又称波浪板，是用进口中纤板经计算机雕刻并采用喷涂、烤漆工艺精工制造而成。波纹板表面无需刷油漆，结构均匀，尺寸稳定，防水、防潮、防火性能强，表面像水波纹般的立体感，常见的纹理种类很多，如沙漠纹、回纹、冲浪纹、直纹、斜波纹、树纹、彩云纹、瓦槽纹、石头纹等，此外，还有PVC波纹板、铝合金波纹板、石膏波纹板、玻璃纤维波纹板、陶瓷波纹板等。

波纹板主要应用于居住室内的各种墙面或外表面造型装饰中（图4-22）。

6. 免漆板

免漆板表面不需要刷漆，具有可与原木媲美的天然质感、木纹清晰的特点，表面无色差，具有离火自熄、耐磨、耐洗、防潮、防腐、防酸碱、施工方便、绿色环保、无毒无味等特点。它和装饰板一样，也有胡桃木、榉木、橡木、枫木、樱桃木等多种纹理（图4-23）。

图4-22　波纹板装饰的卫生间墙面　　　　　　　图4-23　免漆板

免漆板常用于衣柜、鞋柜等柜子的制作。规格一般为（长×宽）2440 mm×1220 mm，厚度一般为3 mm。

7. 桑拿板

桑拿板又称结疤板，是一种原本专用于桑拿房的实木板材，以经过高温脱脂去油处理的松木为主，防水防腐、耐高温、不易变形，经过指接式连接，易于安装，方便清洗。

桑拿板现在的使用范围不限定于桑拿房或卫生间，也可用在阳台、飘窗、局部墙面等处（图4-24、图4-25）。桑拿板的规格（长×宽×厚）国产板一般为1980 mm×850 mm×10 mm，进口板为2100 mm×950 mm×12 mm等。

图4-24　桑拿板饰面的卫生间墙面　　　　　　　图4-25　桑拿板饰面的吊顶

8. 炭化木板

炭化木板即炭化木，又称为热处理木，是一种经过高温炭化处理的呈木纹肌理的装饰板。炭化木具有木材独特的天然特性，耐腐性强，抗压强度高，色泽持久。

炭化木一般广泛应用于户外地板、古建筑、围栏、桌椅等，而用于居室室内则可用于家具、门窗、地板、厨房、桑拿房等装饰装修（图4-26）。

9. 石膏板

石膏板是一种重量轻、厚度较薄、强度较高、加工方便以及隔音绝热和防火等性能较好的建筑装饰材料。用于室内装饰的主要为纸面石膏板和装饰石膏板。

（1）纸面石膏板

纸面石膏板施工方便、价格低廉、有较好的着色性，可在其表面贴壁纸、涂刷涂料等。普通纸面石膏板又分防火和防水两种，市场上所售卖的型材兼有两种功能（图4-27、图4-28）。

普通纸面石膏板的规格（长×宽）一般为2440 mm×1220 mm，厚度有5 mm、9.5 mm、12 mm等。

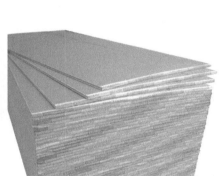

图4-26 古朴的炭化木地板　　　　图4-27 石膏板　　　　图4-28 石膏板造型吊顶

（2）装饰石膏板

这种板材的独特之处是其自身具有丰富的装饰图案，不需要在其表面采取涂、裱、贴等装饰。装饰石膏板的品种繁多，按照板面装饰图案可分为平板、花纹浮雕板、穿孔及半穿孔吸声板等。

装饰石膏板广泛用于各种建筑室内的吊顶、隔墙、隔断等。经过防火处理的耐水纸面石膏板还可用于湿度较大的房间墙面，如卫生间、厨房、浴室等。

10. 金属扣板

金属扣板一般用于厨房和卫生间的吊顶装饰，一般以铝制板材和不锈钢板材居多，表面通过吸塑、喷涂、抛光等工艺，光洁艳丽，色彩丰富，将逐渐取代塑料扣板（图4-29、图4-30）。

金属扣板外观形态通常以长条形和方块状为主，均由0.6 mm或0.8 mm金属板材压模成型，方块型材规格（长×宽）多为300 mm×300 mm、350 mm×350 mm、400 mm×400 mm、500 mm×500 mm、600 mm×600 mm。

11. 不锈钢装饰板

不锈钢装饰板又称为不锈钢薄板，其特点为既具有金属特有的光泽和强度，又具有色彩纷呈、经久不变的颜色。用于装饰装修的不锈钢装饰板一般分为镜面板、丝面板、雾面板、雕刻板、凸凹板、球形板、弧形板等（图4-31）。

图 4-29 金属扣板

图 4-30 金属扣板吊顶

图 4-31 不锈钢装饰板

不锈钢装饰板在居住空间装饰中一般用于厅堂墙板、吊顶等部位，还可用于如厨房台面、楼梯扶手栏杆等耐磨损性高的部位（图 4-32）。不锈钢装饰板的规格（长×宽）一般为 2440 mm×1220 mm，厚度为 0.3~8.0 mm 不等。

图 4-32 不锈钢装饰板饰面的橱柜冷酷大气

12. 波音纸

波音纸又称为波音软片，是 PVC 的一种，其名称的由来是因为它最开始用在波音飞机的内饰。波音纸耐磨、耐水、耐酸碱性强，自黏性、可靠性较好（图 4-33）。

波音纸主要用于对家具等物体表面进行贴面装饰。

13. 收口条

收口条主要有两种，一种由实木条制成，一种由 PVC 材质制成（图 4-34）。

收口条用于对家具等物体侧面进行收边处理。宽度有 20 mm、30 mm、50 mm 等。

图 4-33 波音纸

图 4-34 PVC 收口条

第四节

地板

1. 实木地板

实木地板是采用天然木材，经烘干加工处理后制成条板或块状的地面铺设材料（图 4-35）。它具有花纹自然、脚感舒适、无污染、热导率低、使用安全、冬暖夏凉等特点，是居住室内卧室、客厅、书房等地面装修的理想材料。但是实木地板耐酸碱性弱、易燃、不易保养。实木的装饰风格返璞归真，质感自然，在森林覆盖率下降、大力提倡环保的今天，实木地板则更显珍贵。

图 4-35　实木地板

实木地板按照木质划分，一般有柚木、胡桃木、橡木、柞木、楸木、桦木等。实木地板一般长度为 450～900 mm，宽度为 90～120 mm，厚度为 12～25 mm。铺设效果如图 4-36 所示。

2. 强化复合地板

强化复合地板俗称"金刚板"，由多层不同材料复合而成。其表面耐磨度为普通油漆木地板的 10～30 倍，还具有良好的耐腐蚀、抗紫外线、耐灼烧等性能，且施工简单，维护保养方便。强化复合木地板的脚感或质感不如实木地板，当基材和各层间的胶合不良时，使用中会脱胶分层而无法修复（图 4-37）。

强化复合地板的规格长度为 900～1500 mm，宽度为 180～350 mm，厚度分别有 6 mm、8 mm、12 mm、15 mm、18 mm，厚度越厚，价格也相对越高。

3. 实木复合地板

实木复合地板是从实木地板家族中衍生出来的木地板种类，是利用珍贵木材或木材中的优质部分以及其他装饰性强的材料作表层，材质较差或质地较差部分的竹、木材料作中层或底层，构成由不同树种的板材交错层压，经高温高压制成的多层结构的地板（图 4-38、图 4-39）。实木复合地板兼具强化复合地板的稳定性与实木地板的美观性，缺点是耐磨性不如强化复合地板高。

实木复合地板一般长度为 600～2200 mm，宽度为 60～190 mm，厚度为 6～18 mm。

图 4-36　实木地板铺设的家庭视听室

图 4-37　强化复合地板

图 4-38　实木复合地板

图 4-39　实木复合地板铺设的居室

4. 竹地板

与木地板相比，竹地板最突出的优点便是冬暖夏凉，且有较好的弹性，脚感舒适；尺寸稳定性高，不易变形开裂，耐磨性好，具有优良的物理力学性能；色泽淡雅，色差小，具有丰富的竹纹，竹节上有点状放射性花纹，有特殊的装饰性（图 4-40）。

竹地板的使用寿命可达 20 年左右，不适于厨房、洗手间、阳台等潮湿或易受日晒影响的地方。竹地板的规格（长×宽×厚）主要有 915 mm×91 mm×12 mm、1800 mm×91 mm×12 mm 等。

5. 软木地板

软木地板是地板行业近几年来出现的一个新产品。与实木地板相比，软木地板环保性、隔音性、防潮效果更好，给人极佳的脚感。但总体来说，软木地板的花色并不符合现在大众"口味"，选择时需考虑到家人的审美习惯以及与装饰风格的搭配（图 4-41），同时软木地板不太容易保养。

软木地板不是保守的长方条形，而是类似于瓷砖的方块形。常用的规格（长×宽×厚）主要有 600 mm×300 mm×4 mm、915 mm×305 mm×11 mm 等。

图 4-40　竹地板铺设的卧室

图 4-41　软木地板铺设的客厅

第五节

油漆涂料

我国传统行业内将油漆涂料统称为油漆，它通过不同的施工工艺涂覆在物件表面，形成黏附牢固、具有一定强度和连续性的固态薄膜，对装饰表面起修饰美观作用，同时还能起到绝缘、防毒、杀菌、防水、防污等作用。一般人们习惯把油性的涂料称为油漆，例如，清漆、调和漆等；把水性的涂料称为涂料，例如，乳胶漆、真石漆等。

1. 油漆

居室装修一般有木器漆、特殊效果漆两种类型的油漆。

（1）木器漆

木器漆按照装饰效果又分为清水漆、混水漆和半混水漆三类。

①清水漆。清水漆在涂刷完毕后还可以保留木材原本的纹理和色泽，一般适用于门窗、家具、地板等的装饰（图 4-42）。

②混水漆。混水漆即色漆，涂刷以后完全遮盖木材原本的色泽，适用于密度板或胶合板类的门窗、家具等装饰，此种漆的颜色种类繁多（图 4-43）。

③半混水漆。半混水漆涂刷完后不仅保留了木材本身的纹理，并且还有着色的效果，一般适用于木纹清晰、纹理感强的门窗和家具表面（图 4-44）。

（2）特殊效果漆

①木纹漆。木纹漆与有色底漆搭配，可逼真地模仿出各种效果，能与原木家具媲美，能使刨花板、中纤板、实木板等家具仿制成原木家具效果（图 4-45）。

②皮纹漆。皮纹漆刷出的质感类似天然动物的皮纹，具有仿真效果。

图 4-42　清水漆饰面　　　　　　　　　　　　图 4-43　白色混水漆

图 4-44　半混水漆饰面

图 4-45　木纹漆饰面

③裂纹漆。经裂纹漆喷涂后的表面可以产生较高的拉扯强度，所以能够形成良好均匀的裂纹图案，具有特殊的装饰效果。

④瓷漆。瓷漆是一种色漆，即在清漆的基础上加入无机颜料制成。瓷漆外观光亮、平整、坚硬，适用于居室内各种家具、木材、金属表面的装饰（图4-46）。

⑤其他特色漆。其他特色漆有环氧玻璃清漆、水纹漆、石斑漆、镜面漆、橡胶漆、纳米漆、金属漆等（图4-47、图4-48）。

图 4-46　瓷漆饰面橱柜　　　　　　　图 4-47　环氧玻璃清漆　　　　　　图 4-48　金属漆

2. 涂料

（1）乳胶漆

乳胶漆又称为乳胶涂料、合成树脂乳液涂料，因其以水为稀释剂，所以不污染环境，安全、无毒、无火灾危险，耐水、耐碱、耐洗刷，有多种色彩，是目前比较流行的环保涂料。市场上销售的乳胶漆桶装规格一般为5 L、15 L、18 L三种，每升乳胶漆可以涂刷墙面、顶面面积为12～16 ㎡（图4-49、图4-50）。

图 4-49　蓝色乳胶漆墙面　　　　　　　　图 4-50　温馨时尚的黄色乳胶漆墙面

（2）真石漆

真石漆又称为仿石涂料，其装饰效果酷似大理石、花岗石，主要采用各种颜色的天然石粉配制而成，具有天然真实的自然色泽，给人以高雅、和谐、庄重之美感（图4-51）。通过不同的喷涂方法，真石漆可制成不同的花纹等效果，使饰面变化多样，质感丰富（图4-52）。

（3）质感艺术涂料

①箔类艺术涂料。箔类艺术涂料以黄金、白银、铜、铝等为主要原料，经过多道工序生产而成，有着神秘的

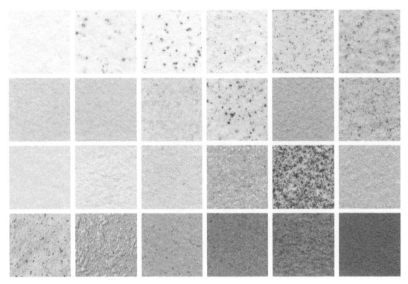

图 4-51 真石漆

图 4-52 真石漆装饰的墙面

光泽和质感，纯金属箔类涂料能够增加居室空间的档次和豪华效果（图 4-53、图 4-54）。

图 4-53 金箔

图 4-54 箔类艺术涂料

②浮雕漆。浮雕漆是一种质感逼真的彩色墙面涂装材料。采用浮雕漆装饰后的墙面酷似浮雕般立体观感效果。（图 4-55）。

③梦幻艺术涂料。梦幻艺术涂料由纯色颜料、铝粉颜料、云母配置而成。涂刷后经过光线的多次反射而呈现出多彩梦幻的效果（图 4-56）。

④马来艺术漆。马来艺术漆漆面光洁，有石质效果，花纹可细分为冰菱纹、水波纹、大刀石纹等各种效果，讲究若隐若现的朦胧感、三维感（图 4-57）。

⑤液体壁纸涂料。液体壁纸涂料又称为壁纸漆，是一种新型艺术涂料。液体壁纸涂料通过配合不同的上色工艺，使墙面产生各种质感纹理和明暗过渡的艺术效果，克服了乳胶漆色彩单一、无层次感的缺陷，也没有壁纸易变色、有接缝等缺点（图4-58）。

⑥夜光涂料。夜光涂料由夜光粉、有机树脂、有机溶剂等配置而成。涂上夜光漆成膜后，每吸光 1 小时则可发光 8～10 小时，吸光和发光的过程可无限循环，是受人们喜爱的一种新型涂料产品（图 4-59）。

图 4-55　浮雕漆　　　　　　图 4-56　梦幻艺术涂料　　　　　图 4-57　马来艺术漆

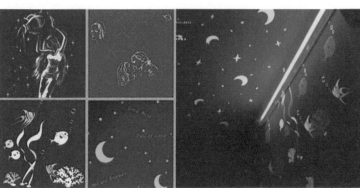

图 4-58　液体壁纸滚轴　　　　　　　　图 4-59　夜光涂料

第六节

壁纸与墙布

1. 壁纸

（1）纸面壁纸

　　纸面壁纸是最早使用的壁纸，直接在纸张表面上印花或压花，质感自然舒适，基底透气性好，能使墙体基层中的水分向外散发，不会引起变色、鼓泡等现象，但缺点是性能不稳定、不耐水、不便于清洗、容易破裂（图 4-60）。

（2）塑料壁纸

　　塑料壁纸品种繁多，质感浑厚，色泽丰富，图案繁多，且可以仿制出各种纹理，如木纹、石纹、锦缎纹、瓷砖、黏土砖等，在视觉上可以达到以假乱真的效果（图 4-61）。

图 4-60　纸面壁纸

图 4-61　塑料壁纸

（3）纺织物壁纸

纺织物壁纸也称为墙布，是壁纸中较高级的品种，主要是用丝、羊毛、棉、麻等天然纺织品类的材料制成，质感佳、透气性好，给人以典雅、柔和、舒适的感觉（图 4-62）。目前，纺织物壁纸主要材料逐渐向无纺布发展。

（4）天然材质壁纸

天然材质壁纸是一种用木材、树叶、草、麻、竹等天然植物以编织形式制成的壁纸，例如，麻草壁纸是以纸作为底层，编织的麻草为面层，经过复合加工而成（图 4-63）。天然材质壁纸具有自然朴素、粗犷的自然美感。

（5）静电植绒壁纸

静电植绒壁纸的特点是既有植绒布所具有的明显的丝绒质感、极佳的吸音性、不反光、防火、耐磨、无异味、不易褪色等特点，又具有一般装饰壁纸所具有的容易粘贴的特点（图 4-64）。

图 4-62　纺织物壁纸

图 4-63　粗犷的麻草壁纸

图 4-64　植绒壁纸

（6）玻璃纤维壁纸

玻璃纤维壁纸的特点是色彩鲜艳、不褪色、不变形、不老化、防水、耐洗、施工简单、粘贴方便（图 4-65）。

图 4-65　玻璃纤维壁纸

（7）金属膜壁纸

金属膜壁纸具有金属的质感与光泽，给人以金碧交辉、富丽堂皇的感受（图4-66）。通常这种壁纸多用于酒店、餐厅或夜总会墙面装饰。

（8）墙贴

墙贴是将已设计和制作好现成图案的不干胶贴纸贴在墙上、玻璃或瓷砖上的装饰材料（图4-67）。与传统的壁纸相比，传统的墙纸就犹如穿了一件很漂亮的衣服，而墙贴却是在漂亮衣服上佩戴的一件点缀饰品。

图4-66　金属膜壁纸　　　　　　　　　　　　　　　　　图4-67　墙贴

（9）墙绘

墙绘即手绘墙，是近几年较流行的一种墙面装饰。手绘墙来源于古老的壁画艺术，结合了欧美的涂鸦，被众多前卫设计师带入了现代居住空间设计中，形成了别具一格的装修风格（图4-68）。

图4-68　同一空间不同的墙绘效果

2. 墙布

（1）纺织物壁纸

前文已做阐述。壁纸的规格（长×宽）一般为50 m×1000 mm、50 m×900 mm、50 m×700 mm等。

（2）布艺软包

布艺软包是一种在室内墙表面使用丝绒、呢料和锦缎等柔性材料进行包装的墙面装饰方法。它所使用的材料质地柔软、色彩柔和，能够达到温暖舒适、古朴厚实、吸音隔音的效果，但缺点是柔软易变形、防火性能差、容易发霉变质，而且施工工艺水平要求较高，一般运用于卧室较多（图4-69）。

（3）布艺硬包

与布艺软包相对，布艺硬包直接用基层的木工板或高密度纤维板做成所需的造型，然后把板材的边做成45°的斜边，再用布艺或皮革饰面（图4-70）。

图4-69 温馨舒适的软包背景

图4-70 时尚大气的硬包背景

第七节
陶瓷

1. 釉面砖

釉面砖又称为釉面陶土砖、陶瓷砖或瓷片。釉面砖表面色彩丰富、质地紧密、光亮晶莹，正面有釉，背面呈凸凹方格纹，抗污能力强，价格便宜。现今主要用于厨房、浴室、卫生间等墙面、地面铺设的是瓷制釉面砖，因为表面是釉料，所以耐磨性不如抛光砖（图4-71、图4-72）。

用于墙面的釉面砖规格（长×宽×厚）一般为 330 mm×450 mm×6 mm、250 mm×330 mm×6 mm、200 mm×300 mm×5 mm、200 mm×200 mm×5 mm 等；用于地面的釉面砖规格（长×宽×厚）一般为 800 mm×800 mm×10 mm、600 mm×600 mm×8 mm、500 mm×500 mm×8 mm、300 mm×300 mm×6 mm、250 mm×250 mm×6 mm 等。

2. 通体砖

通体砖是表面不施釉的陶瓷砖，而且正反两面的材质和色泽一致，但正面一般有压印的花色纹理（图4-73）。通体砖成本低廉，一般为单色装饰效果，目前的居住空间设计越来越倾向于素色设计，所以通体砖也被广泛运用于居室中的客厅、厨房、餐厅、卫生间、过道等的地面，也有较少使用在墙面上。

通体砖常见规格（长×宽×厚）有 800 mm×800 mm×10 mm、600 mm×600 mm×8 mm、500 mm×

| 图 4-71　釉面砖地面 | 图 4-72　釉面砖墙面 |

图 4-73　通体砖

500 mm×6 mm、400 mm×400 mm×6 mm、300 mm×300 mm×5 mm、100 mm×100 mm×5 mm 等。

3. 玻化砖

玻化砖又称为全瓷砖，是在通体砖坯体的表面经过打磨而成的不需要抛光的一种砖，属通体砖的一种，具有性能稳定、色调高贵、质感优雅、色差小等特点，是替代天然石材较好的瓷制产品。玻化砖的缺点为表面不够防滑、色泽、纹理较单一，由于其吸水率过低，用于墙砖时容易出现空鼓及脱落现象，所以主要用于地面砖，且被称为"地砖之王"（图 4-74）。

玻化砖规格（长×宽×厚）一般较大，通常为 1200 mm×1200 mm×12 mm、1000 mm×1000 mm×10 mm、800 mm×800 mm×10 mm、600 mm×600 mm×8 mm 等。

4. 抛光砖

抛光砖是表面经过打磨而制成的一种光亮砖体，属通体砖的一种。相对通体砖而言，抛光砖表面要光洁得多（图 4-75）。抛光砖适合在除洗手间、厨房以外的居室空间中使用。

抛光砖规格（长×宽×厚）通常为 1000 mm×1000 mm×10 mm、800 mm×800 mm×10 mm、600 mm×600 mm×8 mm、500 mm×500 mm×6 mm、400 mm×400 mm×6 mm 等。

5. 仿古砖

仿古砖也称耐磨砖，是从彩釉砖演化而来的。仿古砖以古典的样式、色彩、图案，营造出怀旧、历史感的效果，主要用于风格独特（如田园、地中海、美式乡村等风格）的居室墙面、地面铺贴（图 4-76）。

仿古砖规格（长×宽）通常有：300 mm×300 mm、400 mm×400 mm、500 mm×500 mm、600 mm×600 mm、300 mm×600 mm、800 mm×800 mm 等；其中 300 mm×600 mm 是目前国内很流行的规格。

图 4-74　玻化砖地面　　　　　　图 4-75　光亮的抛光砖地面　　　　图 4-76　仿古砖地面

6. 陶瓷锦砖

陶瓷锦砖又称为马赛克，它最早是一种镶嵌艺术，以瓷砖、贝壳、小石子、玻璃等有色嵌片镶嵌在墙面或地面上，以形成图案，具有形态多样、小巧玲珑、色彩丰富等特点。

马赛克常用于铺设卫生间墙面、地面或其他需要独特效果的局部装饰面（图 4-77、图 4-78），常用规格（长×宽）有 20 mm×20 mm、25 mm×25 mm、30mm×30 mm，厚度一般为 4～4.3 mm。

图 4-77　马赛克做卫生间墙面局部点缀　　　图 4-78　马赛克拼花墙面

第八节
玻璃

1. 平板玻璃

平板玻璃又称为净片玻璃或白片玻璃，透光性好，有一定的隔声、隔热、保温性能，是室内外装饰工程中最常用的玻璃品种，主要用于居室中的装饰品陈列、门窗、家具构造等部位，起到透光、挡风和保温作用（图 4-79）。

一般生产出的玻璃规格（长×宽）不应小于 1000 mm×1200 mm，最大规格（长×宽）可以达到 3000 mm ×4000 mm，常用厚度为 3 mm、5 mm、6 mm，厚度在 8 mm 以上的平板玻璃一般被加工成钢化玻璃，其强度可以满足各种要求。

2. 钢化玻璃

钢化玻璃属于安全玻璃，其抗弯曲强度、耐冲击强度比普通平板玻璃高 4～5 倍，热稳定性好，一旦受到超强冲击时，碎片呈分散细小颗粒状，无尖锐棱角，不会伤人。钢化玻璃在回炉钢化的同时可以制成曲面玻璃、吸热玻璃等。

钢化玻璃在居室中一般用于无框玻璃门窗、弧形玻璃家具（图 4-80、图 4-81）等方面。规格尺寸一般厚度为 5～12 mm，10～12 mm 的钢化玻璃使用最多。

图 4-79　平板玻璃做隔断门　　　　　　图 4-80　钢化玻璃卫生间　图 4-81　简约时尚的钢化
　　　　　　　　　　　　　　　　　　　　　　　　隔断　　　　　　　　玻璃茶几

3. 磨砂玻璃

磨砂玻璃又称为毛玻璃、暗玻璃，表面粗糙，使光线产生漫反射，透光而不透形，它可以使室内光线柔和。在居室装修中常用于玻璃屏风造型、梭拉门、柜门、装饰灯罩或需要隐蔽的卫生间、浴室及等处（图 4-82）。

图 4-82　磨砂玻璃隔断

4. 压花玻璃

压花玻璃又称花纹玻璃或滚花玻璃，性能基本与普通透明平板玻璃的相同，其表面压有各种图案花纹，具有良好的装饰性，并具有隐私的屏护作用和一定的透视装饰效果。

压花玻璃一般用于玻璃柜门、卫生间门窗或玻璃屏风造型隔断等部位（图4-83），规格（长×宽）从300 mm×900 mm～1600 mm×900 mm不等，厚度一般只有3 mm和5 mm两种，其中以5 mm厚度的居多。

5. 镶嵌玻璃

镶嵌玻璃是利用各种金属嵌条与玻璃镶嵌加工而成的装饰性较强的艺术玻璃，它可将各种类型的玻璃任意组合，利用金属线条分隔，从而形成不同的美感。

镶嵌玻璃一般应用于门窗、屏风隔断、采光顶棚灯部位（图4-84）。

图4-83　压花玻璃　　　　　　　　　　图4-84　镶嵌玻璃门

6. 雕花玻璃

雕花玻璃又称为雕刻玻璃，是在普通平板玻璃上，用机械或化学方法雕刻出图案或花纹的玻璃。雕花图案有立体感，透光不透形（图4-85）。

雕花玻璃常用于背景墙装饰、屏风隔断和门窗等部位。尺寸一般根据图样订制加工，最大规格（长×宽）为2400 mm×2000 mm，常用厚度为3 mm、5 mm、6 mm。

图4-85　雕花玻璃

7. 冰花玻璃

冰花玻璃是在平板玻璃上经特殊处理而形成具有自然冰花纹理的玻璃，透光不透形，其装饰效果优于压花玻璃，给人以清新之感（图4-86）。

冰花玻璃用于屏风隔断、门窗和其他装饰部位。目前最大规格（长×宽）为2400 mm×1800 mm。

8. 釉面玻璃

釉面玻璃是指在切裁好的一定尺寸的平板玻璃或压花玻璃表面上涂敷一层彩色的易溶釉料，经烧结、退火或钢化等处理工艺，使釉层与玻璃牢固结合，制成的具有美丽色彩或图案的玻璃（图4-87）。其颜色和花纹可以根据客户的不同需要另行设计。

图 4-86　冰花玻璃

图 4-87　釉面玻璃

釉面玻璃用于装饰背景墙或家具构造等局部点缀（图4-88）。

9. 彩绘玻璃

彩绘玻璃以特殊材料为颜料，绘制出各种图案，后经3~5次高温或低温烧制，特殊的制作工艺使彩绘玻璃上的图案永不掉色，并易于清洁（图4-89）。

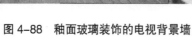

图 4-88　釉面玻璃装饰的电视背景墙

图 4-89　彩绘玻璃窗

10. 琉璃玻璃

琉璃玻璃的制作工艺是将玻璃烧熔，加入各种颜色，在模具中冷却成型。其色彩鲜艳，装饰效果强，但尺寸规格一般都很小，并且价格相对同类商品较贵，多用在豪华场所背景墙的装饰中（图4-90）。

11. 镜面玻璃

镜面玻璃又称为磨光玻璃，是用平板玻璃经过抛光后制成的玻璃，表面平整光滑且有光泽。很多时候为提高

图 4-90　琉璃玻璃软饰

装饰性，在镀镜之前可对原片玻璃进行彩绘、喷砂、磨刻、化学蚀刻等加工处理，形成具有各种花纹图案的镜面玻璃。

镜面玻璃一般可用于装饰背景墙或家具构造等局部点缀（图 4-91）。

12. 玻璃砖

玻璃砖又称为特厚玻璃，是用透明或有颜色的玻璃制成的块状、空心的玻璃制品或块状表面施釉的制品。

玻璃砖在居室装修中一般可用于砌筑透光性较强的墙壁、隔断、淋浴间、展示柜等，能为使用空间提供良好的采光效果，并有空间延续的感觉（图 4-92）。玻璃砖的规格一般有边长 300 mm、250 mm、195 mm、145 mm 等。

图 4-91　镜面玻璃隔墙扩大空间感

图 4-92　玻璃砖隔墙

13. 夹层玻璃

夹层玻璃是一种安全玻璃，在两层或几层玻璃片间夹嵌透明的塑料薄片，经热压黏合而成（图 4-93）。夹层玻璃的主要特性是安全性好，经较大的冲击后，破碎时玻璃碎片不零落飞散，只产生辐射状裂纹，不至于伤人。

夹层玻璃多用于室外门窗、幕墙或银行等特殊场合，居室空间较少使用。夹层玻璃的规格（长×宽）一般为 1000 mm×800 mm、1800 mm×850 mm，厚度一般为 8～25 mm。

14. 中空玻璃

中空玻璃是将两片或多片平板玻璃用铝制空心边框框住，用胶结、焊接或熔接的方式密封的玻璃，中间充入干燥空气或其他惰性气体，具有隔音、隔热、防霜、防结露等优良性能（图 4-94）。

中空玻璃在装饰装修中需要预先订制生产，主要用于公共空间，以及需要采暖、隔音、防露的住宅（图 4-95）。

图 4-93　祥云纹装饰的夹层玻璃　　　　图 4-94　中空玻璃　　　　图 4-95　中空玻璃窗

第九节
新型装饰材料

1. 水泥木丝板

水泥木丝板又称为纤维水泥板，具有密度小、强度大、防火性能好、隔音效果好等特点，其外观颜色与清水混凝土墙面一致。施工过程中无需制作基层板，可直接固定在墙面（墙面平整度要好）或者龙骨上，小块造型可直接使用胶水黏接，大块水泥板可用钻头钻孔后用射钉枪固定。

水泥木丝板可用于墙面装饰、地面铺设，甚至浴室卫生间等潮湿的环境中（图 4-96）。木丝水泥板的规格（长×宽）一般为 2440 mm×1220 mm，厚度为 6～30 mm。

2. 硅藻泥

硅藻泥以硅藻土为主要原材料，具有良好的和易性和可塑性，是一种天然环保的内墙装饰材料，可用来替代墙纸和乳胶漆（图 4-97）。

图 4-96　水泥木丝板墙面　　　　　　　图 4-97　硅藻泥

第五章

居住空间设计施工流程与工艺

【教学目标】

通过对居住空间设计具体施工流程与工艺的讲解与分析，让学生了解一套完整的施工流程是如何进行的。

【教学重难点】

重难点在于让学生知道施工流程的先后顺序和施工工艺。

【实训课题】

实地体验居住空间设计的具体施工流程与工艺。

第一节
基础工程

图 5-1 墙面铲除

1. 主体拆改

在水电工进场之前首先要进行的是基础工程，包括拆墙、砌墙、铲墙面（图5-1）、拆暖气、换塑钢窗等，其中需注意的是，拆改墙体时不得随意改变建筑物的承重结构。

2. 试水

卫生间、厨房地面做24小时闭水试验（需开发商或物业公司协助完成此任务）。

第二节
水路工程

1. 凿槽

先用红外线水平仪定位，再进行弹线，然后进行凿槽，水管开槽的深度一般为：冷水埋管后的批灰层要大于1 cm，热水埋管后的批灰层要大于1.5 cm。

2. 水管铺设

冷、热水管的铺设要遵循左侧热水右侧冷水、上面热水下面冷水的原则（图5-2）。

3. 打压测试

为了检测所安装的水管有没有渗水或漏水现象，必须要进行打压测试（图5-3）。

4. 封槽

打压测试完毕后进行封槽。封槽前要用管卡固定，冷水管管卡间距不大于60 cm，热水管管卡间距不大于25 cm。

图5-2　水管铺设

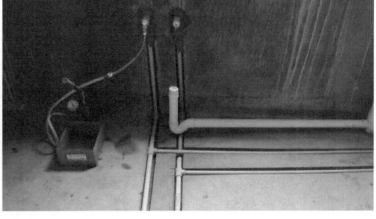

图5-3　打压测试

 第三节

电路工程

在凿槽之前先检查住户总电源是否有空气开关，如果没有应立即安装，方能施工用电（图5-4）。

1. 弹线定位

施工前由电工根据设计图纸进行线路弹线定位（图5-5）。线路设计应实用、合理、规范、安全，并经业主认可后方能施工。

2. 开布线槽

弹线定位完成后，电工根据定位和电路走向开布线槽，所有线路必须横平竖直，尽可能预埋隐蔽在地面、天棚、墙内（图5-6）。线路设计尽量合理避开混凝土梁柱、钢筋，以降低施工难度、强度，减少电动工具损耗，尽量杜绝野蛮施工现象。

图5-4　空气开关

3. 布线穿管

布线穿管一般采用线管暗埋的方式。线管主要使用 PVC 绝缘冷弯管，冷弯管可以弯曲而不断裂，是布线穿管的最好选择，因为它的转角是有弧度的，线可以随时更换，而不用开墙（图5-7）。

4. 封埋线槽

封埋线槽，隐蔽水电改造工程（图5-8）。

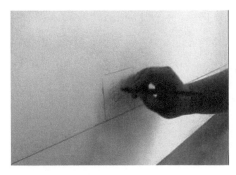

图 5-5　弹线定位

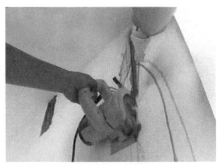

图 5-6　开布线槽

图 5-7　布线穿管

图 5-8　封埋线槽

5. 固定暗盒

（1）开关位置

开关一般距离地面 120～135 cm（所有尺寸为开关下沿尺寸、地面是指原始地面）（图 5-9），但床头双控开关一般距离地面 60～70 cm。

（2）插座位置

视听设备、台灯、接线板等的墙上插座一般距地面 30 cm（客厅插座根据电视柜和沙发而定）；洗衣机插座距地面 120～150 cm，电冰箱插座距地面 120～150 cm，空调插座距地面 190～200 cm；厨房里的插座距地面 110 cm（图 5-10）；欧式油烟机插座距地面 220 cm，并且在油烟机的垂直中线上为宜。

6. 安装开关、插座及灯具

要求安装牢固，位置正确，盖板端正，表面清洁，四周无明显空隙。

图 5-9　开关位置

图 5-10　厨房插座

第四节
泥作工程

1. 防水

做防水前需要将做防水的墙面和地面打扫干净；否则，再好的防水剂也起不到防水的作用。一般的墙面防水剂要刷到 30 cm 的高度（图 5-11）。如果墙面背后有柜子或其他家具，则至少要刷到 180 cm 的高度，如有条件可以整面墙全刷。地面需刷三次，墙角位置、下水管周围则要多刷 1~2 遍。

2. 试水

试水时间需要至少 24 小时（图 5-12）。

图 5-11 卫生间防水

图 5-12 卫生间试水

3. 贴墙砖

为使贴出的墙砖牢固、不下滑、不变形，需先将墙面做拉毛处理，然后在墙面上刷 107 胶水，可以延缓水泥的干燥时间，有利于水泥有效凝固，然后在瓷砖背面满批水泥，最后沿事先弹线固定好的托板贴上墙，再用橡皮锤敲打贴实（图 5-13~图 5-15）。

4. 贴地砖

铺贴地砖与贴墙砖的工艺流程类似，主要如下：清扫整理基层地面→水泥砂浆找平→定标高，弹线→选料→安装标准块→摊铺水泥砂浆→铺贴石材→灌缝→清洁→养护交工（图 5-16）。

图 5-13　水泥拉毛

图 5-14　满批水泥

图 5-15　橡皮锤敲打墙砖贴实

图 5-16　橡皮锤敲打地砖贴实

第五节

木作工程

木工的工作顺序应该是从上到下，先顶面、墙面固定项目的施工，再到活动项目的制作。木工在家装中的工作量是最大的。

1. 作水平线

由于现场的地面很多时候并不平整，所以木工进场的第一件事就是要用红外线水平仪重新作水平线，水平线一般弹在距离地面 50 cm 的高度，所以也称为五零线，将来的吊顶、柜子、门和门套等木工的方正平整就是参照这条水平线来制作的（图 5-17）。

2. 龙骨吊顶制作工艺流程

弹吊顶标高水平线→画主龙骨分档线→吊顶内管道、设备的安装、调试及验收→吊杆安装→龙骨安装（边龙骨安装、主龙骨安装、次龙骨安装）→填充材料的设置→安装饰面板→安装收口、收边压条（图 5-18、图 5-19）。

3. 木门窗安装工艺流程

定位放线→安装门、窗框→安装门、窗扇→安装门、窗玻璃→安装门、窗配件→门、窗框与墙体之间的缝隙

图 5-17　五零线

图 5-18　龙骨结构

图 5-19　安装石膏板吊顶

填嵌、密封→门、窗框与门、窗扇之间填嵌、密封→清理→保护成品。

4. 柜体制作工艺流程

定位放线→板材下料→板材表面铺贴面板、波音软片等（如使用指接板做柜体，此项可省）→柜体框架制作成形→框架固定于墙面和地面→平开门及抽屉制作、安装→细节处理、调整→挂衣杆、裤架、五金拉手等安装→清理→保护成品（图 5-20）。

5. 实木地板铺设工艺流程

基层清理→放线定位→电锤打孔，打入防腐木楔→铺设泡沫衬垫→钉木龙骨或采用细木工板切割板条→铺设实木地板（平行于光线方向，斜向钉入铜螺纹钉，距墙 10 mm）→橡皮锤敲击，调平对缝→清理、上蜡（图 5-21）。

图 5-20　柜体制作

图 5-21　实木地板铺设

第六节

油漆涂料工程

1. 木材油漆施工工艺流程

（1）清漆施工

基层清理，去除油污→砂纸打磨→润粉着色，刷水色→封闭底色→砂纸打磨→拼色，砂纸打磨→刷底漆→水砂纸磨光→刷第一遍清漆→水砂纸磨光→刷第二遍清漆→水砂纸磨光→刷第三遍清漆→水砂纸磨光→刷饰面漆，抛光上蜡清理（图5-22）。

（2）混色油漆施工

基层清扫和修补→用磨砂纸打平→节疤与钉眼处补腻子→第一遍满刮腻子→磨光擦净→涂刷底层涂料→底层涂料干硬→涂刷第一遍面漆→复补腻子→磨光擦净→涂刷第二遍面漆→磨光擦净→涂刷第三遍面漆→抛光打蜡（图5-23）。

图 5-22　刷清漆

图 5-23　涂刷混色油漆

2. 墙面和顶面涂料施工工艺流程

（1）墙面涂料施工

墙面基层处理→填补缝隙后进行打磨、找平→第一遍满刮腻子→磨平→第二遍满刮腻子→磨平→第一遍底漆滚涂→复补腻子→磨平→第二遍喷刷滚涂料（模板刮毛）→磨平→第三遍喷刷滚涂料（图5-24）。

（2）顶面涂料施工

在吊顶饰面板的钉眼处刷防锈漆两遍→用专用的防开裂剂对吊顶的接缝口槽进行填缝处理→用白乳胶粘贴80 mm宽的牛皮纸或的确良布在接缝处，防止日后因热胀冷缩导致吊顶的接缝处开裂→弹阴阳角线→满刮腻子两遍，砂纸打磨→饰面装修（喷刷乳胶漆、裱糊墙纸、涂刷油漆等）。

3. 墙面裱糊施工工艺流程

基层清理→填补缝隙，局部刮腻子→磨平→第一遍满刮腻子→磨平→第二遍满刮腻子→磨平→刷防潮底漆→放线定位，分格→刷封底胶水→选材，拼花，试贴→壁纸及墙面刷胶→拼贴壁纸，对花→壁纸刀切割修缝→清理。

图 5-24　墙面涂料施工

第六章

设计表达

【教学目标】

　　通过对具体案例的讲解与分析，将设计的流程贯穿其中，让学生了解一套完整的设计方案从沟通到最后的设计结果是如何完成的，让学生掌握基本的沟通技巧，培养成为一个合格设计师的基本素质。

【教学重难点】

　　重难点在于让学生知道设计的顺序和图纸的深度。

【实训课题】

　　要求学生自己构想出一位业主，可以是自己，也可以是周围的亲戚朋友。在所谓"业主"的要求下对一个简单的一室一厅或两室两厅户型进行设计，设计过程中，必须涉及方案草图、效果图和最后的施工图。

第一节

前期的积累

设计表达是居住空间设计中的一个重要环节，之前章节的知识通过一定程度的积累后，需要通过案例来检验。很多时候，理论知识一旦运用到实际中，会产生很多意想不到的问题，这就需要我们灵活地掌握知识，根据实际情况不断做出调整。

每个设计方案的完成都不是一蹴而就的，特别是遇到不同的客户，他们提出形形色色的要求，有的甚至指手画脚，反复无常……遇到这些情况，除了要很好地展现自身的专业素质之外，良好的沟通也是化解困难的利器。设计表达其实是一种综合素质和综合技巧的体现，这就需要设计者在平时有一定的知识积累，为了更好地记录你所认为值得记录的事物，最好能经常随时带个速写本，遇到好的想法或者看到好的案例，可以迅速地记录下来，当然，相机的作用也是如此，只是速写的形式能加深记忆。

笔者在教学的过程中发现，平时善于积累和思考的同学做出来的设计往往要比其他同学更加的精彩，也许就是平时所积累的点点滴滴在关键时候发生了质的转变，这种量的聚集，也许是来源于某本杂志上的图片，也许是听某次讲座受到的启发，也可能是被电视剧或电影里面的场景突然打动。只要对身边的事物保持一定的敏感度和新鲜劲，通过这种日积月累的搜集，你就会发现，设计并不是需要天马行空地想象出一个石破天惊的方案，而是之前所看到的或者记录下来的一个小细节能在自己的方案中派得上大用场，这种"信手拈来"的感觉，就是一个合格的设计者应该具备的专业素质。

通过记录小的陈设品，能发现身边最新的、当季最流行的样式，用在居住空间设计的时候，可以使空间更加精致，同时也能体现设计者或者业主的品位（图6-1）。

家具也是构成居住空间的一个重要方面，随手记下有特色的家具样式，更好地认识家具对不同空间风格的营造（图6-2）。

设计师手稿是设计最初的构想阶段的体现，每个完整的方案都是用这种最初的手法记录的，手稿或潦草或严禁，都是设计思维的体现，除了绘图之外，以文字标注的方式也能很好地说明设计意图（图6-3）。

建筑的形态与居住空间也有密切的联系，特别是不同国家、不同地区的特点都能在建筑形态上找到很好的对应，搜集建筑样式对于理解居住空间不同的风格设定有着很好的帮助（图6-4）。

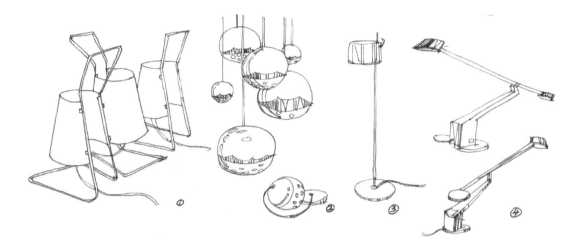

1. 名称:Cleo系列灯具
   设计师:Flavio Mazzone 和
   Claudio Larcher
   特点:采用金属管状结构。

2. 名称: 球灯
   设计师:Tom.Dixon
   特点:强大的太空感,
   塑料金属化。

3. 名称:Coupe落地灯
   设计:Joe Colombo
   尺寸:140cm
   材料:玻璃金属顶座,
   镀铬金属灯杆,三聚氰胺

4. 名称:Ala桌灯
   设计:Rodolfo Bonetto
   尺寸:高度为52cm最矮值
   材料:陶瓷与铝合金构架

◀ 茶具:中国文化的象征
之一,具有很强的装
饰性,但又不失其
功能。一饮茶之用。

◀ 闹钟:时钟表在我们的
日常生活中起着十分重
要的作用。摆放
在室内既是件陈设
品,又具备它的使用
功能。

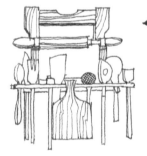

◀ 餐具:作为家用的物品,
将其排列好挂于墙
上,或放于桌上,算得
上出彩的陈设品。

◀灯:地灯、壁灯、台灯、
托灯、吸顶灯等
它们不仅是双功能
性陈设,也为其他的
陈设品家视装饰
功能提供了必须条件

▲ 白瓷仿皮 囊水壶.
■ 提升品味

▲ 瓶(青铜器)
■ 增加时代气息

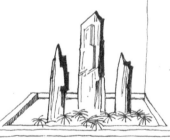

▲ 剑石
以尖加剑的青石竖直,
似剑刺头,别有趣味.
■ 增加意境美.

▲ 绿植
■ 焕生家居空间
也给空间增添生气.

图 6-1 　陈设品的搜集

名称：Feltri 椅
设计师：加埃塔诺·佩谢
材 料：厚毛毡、树脂
特 点：高1300mm，宽730mm，
深660mm，坐垫高450mm。
双向支撑杆，装饰性强。

名称：Golem 椅 <1970>
设计师：维克·马吉斯特拉蒂
特 点：高高的椅背，上蜡
的表面，十分的雅
致。

名称：Pretzel 椅 <1957>
设计师：乔治·尼尔森
特 点：轻便，造型流畅

名称：Bonanza 沙发
设计师：阿流拉·斯卡帕和托比亚·斯卡帕
材 料：皮革
特 点：奢华、简洁，造型LTR椅、肥胖。

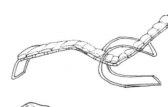

草编椅

"S"椅

名称：躺椅
设计师：密斯
设计思想：好的功能
就是美的形式。

名称：孔雀椅
设计师：汉斯·韦格纳
材 料：椅身为实心棉木
扶手为柚木，椅座
为纸线，仿明式椅。

材料：灯芯、草料
特点：造型奇特
营造出某种密感，
制约的气氛。

名称："HiHo" 凳子
设计师：Aaron Lown
材料：底座为轻钢
外壳为玻璃纤维，外裹为皮革

名称："黎明和早晨的时光"套椅
设计师：Sylvain Dubuisson
材料：AG3铝板 <4mm厚>
绿色皮垫子贴于椅子正面。

名称：鸡翅木香几
尺寸：105.cm 46×66cm
特点：束腰开鱼门洞，四面牙
板透雕卷草纹，用足及
马蹄及委角托泥。

名称：晋作椅木透雕
靠背板圈椅
尺寸：57×43×96 cm
特点：椅圈、壶门曲线婉
转、流畅。

名称：黄花梨圆匣尊龙纹联椅
尺寸：192.0×50.5×88.0 cm
特点：繁简得当，工艺精美

红木圆匣花灯柱
高146cm

图 6-2　家具样式的搜集

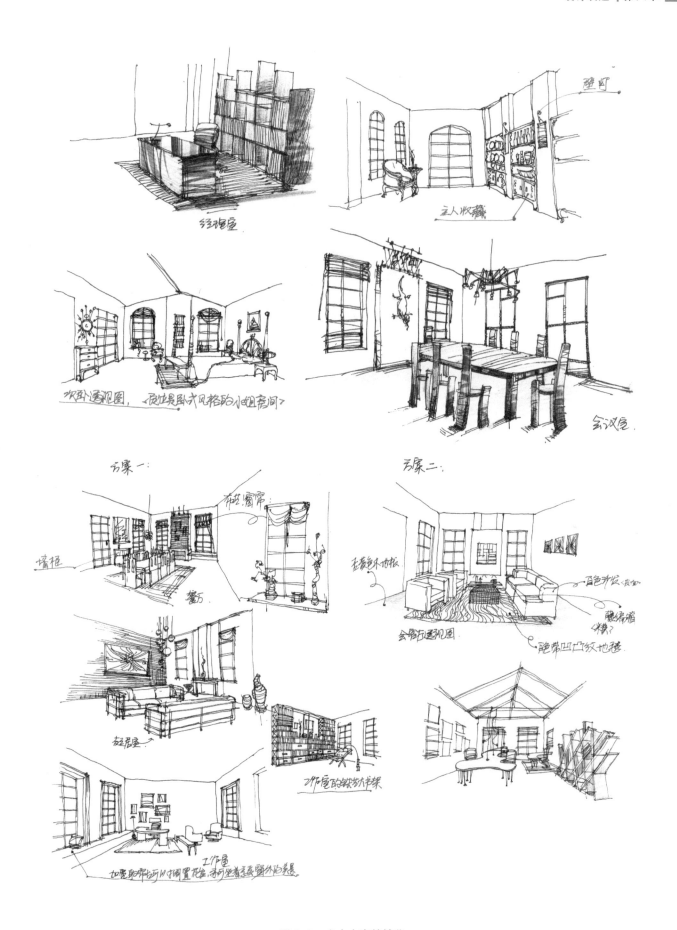

图 6-3 室内方案的搜集

图6-4　各种建筑样式的搜集

第二节
与业主的沟通表达

　　当设计师刚刚接到设计项目时，他们往往是通过客户即业主的口述表达来了解项目的，特别是对于居住空间设计来说，客户的要求和偏好往往决定了整个设计的风格和定位。客户一般分为两种：第一种客户有很强烈的参与意识，对自己家的装修设计有很完善的构想，他所希望的是找到设计师能实现他的"蓝图"；第二种客户对自己家的装修设计没有很明确的风格要求，需要设计师一步步的引导和沟通，在这个过程中慢慢找到适合自己的或自己想要的装修设计。

　　不论遇到哪一种客户，首先要明确他们是非专业人士，有些想法可能合情合理，也可能不切实际。因此在接触客户时，首先，一定要尊重他们的想法，因为毕竟他们才是居室设计装修完后生活在其中的主人，只有他们满意，设计才是有意义的；其次，要多了解客户，就跟裁缝量体裁衣一样，对客户的家庭构成、平时喜好、生活习惯、性格特点等要有一定的了解，根据这些条件来设计，以满足他们的要求；再次，也要适当引导他们往更加合理、更加实际的想法上面去考虑，在尊重他们提出的要求的同时，能合理地把自己认为不好的建议去掉，重新提出更可行的方案（图6-5）。

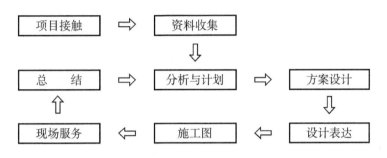

图6-5　设计流程图

一、项目资料收集

在这个阶段，要尽可能地对设计空间和业主这两个方面进行了解。一方面，每个设计空间都有特殊的居住对象，每个业主的生活习惯和生活品质也不尽相同，业主的使用需求直接决定了每个设计空间的性质，他们的生活习惯提示着设计师必须围绕他们而展开思路。另一方面，设计师要对设计的空间有所了解，通过现场勘查、拍照、记录、测量等手段获得进一步的详细资料。特别是对房屋结构、楼层高度、水电煤气管道等现场情况要十分清楚。

在此基础上，要及时了解业主的装修预算，因为业主准备投入多少资金装修，在很大一部分程度上决定着最后装修出来的效果。在不超出预算的前提下，尽可能地满足业主要求，同时也要对项目的实施费用有大概的判断，合理地增减项目和利用合适的材料。

为了更清楚地说明设计的每个阶段如何表达，下面引入一个居室装修的项目，以便从具体案例的角度来阐述每个不同的阶段的要求和深度。

1. 项目介绍

本项目位于某市繁华地段的小区内，高层19楼，两室两厅一卫，建筑面积约为90 m²，层高2.85 m，框架结构。

2. 客户基本资料

40多岁，男性，某三甲医院医生，离异，平时独居，有时儿子会回来住，需要两间相对独立的卧室。

3. 客户情况分析

客户有较高的学历，并且有海外留学的经历，对于生活品质也有一定的要求，喜欢安静，追求休闲、自在的生活方式。他平时在家喜欢看电视、上网、查阅医学资料。

4. 测量和实景照片拍摄

在测量前，首先需要有一张房屋户型图，一般业主或者小区营销部门会提供。进入室内后，需要量出大概的尺寸并记录，一般两个人配合，一个人测量，另一个人记录，尽可能详细测得房屋数据。同时也要注意观察房屋结构，了解哪些墙体可以进行合理的改造和拆除，哪些墙体内埋有管道不能动，哪些空间可以改造作为其他用途，特别是梁柱的情况、室内有哪些设施等，都需要在这个空间中实际感受。一般还可以用相机等工具记录资料，方便以后查找细节，以免重复劳动。了解完这些实际情况后，在设计中才能发挥充分的想象力对空间进行合理的安排。

　　本项目所在小区大致情况和房屋基本情况如实景照片所示（图6-6）。

图6-6　实景照片

二、平面方案的布置

　　在测量基本数据后，就可以绘出原始平面图了（图6-7）。在布置平面的过程中，根据业主的需要做了如下改动（图6-8）。

　　改动1：该户型结构一进门就对着厨房门，进门换鞋或从客厅去厨房都不方便，就将厨房门改到了餐厅的墙面上，除了这个大的改动之外，其余的墙面还是保留原有的位置。

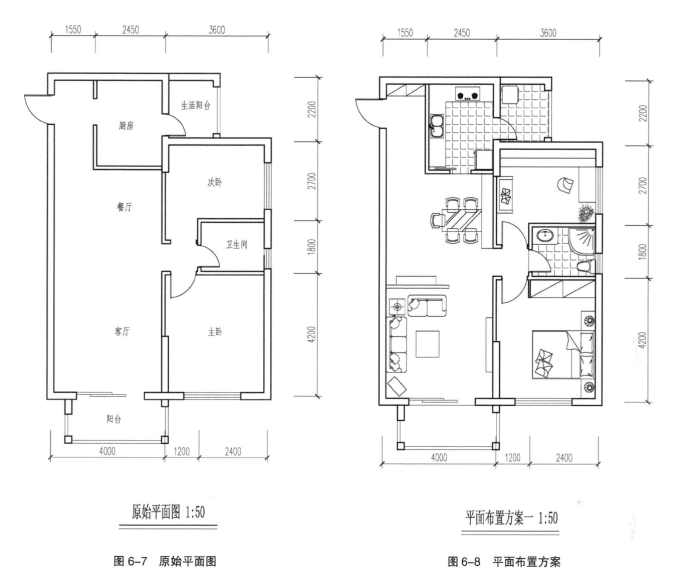

原始平面图 1:50

平面布置方案一 1:50

图 6-7 原始平面图

图 6-8 平面布置方案

改动 2：由于业主长期单身，平时又喜欢看书，所以将次卧作为书房使用。最长的那面墙打造成一排书柜，可以放置大量的专业书籍，给业主营造一个安静和具有文化氛围的空间。考虑到业主儿子有可能回来住，可以在书房中放置一个沙发床，平时可以收起来，不占空间，业主儿子回来住时也可以临时使用。

三、风格的探寻

业主一开始对自己想要的风格没有明确的定位和要求，只提出来要经济适用。设计师考虑到业主有欧洲留学的经历，想将欧式风格的元素带入到设计中来。结合实际情况，该项目房屋面积不大，不适宜采取过多的欧式风格装饰手法，因此设计师选用了比较有代表性的壁炉作为最主要的装饰元素，并将其和电视背景墙结合起来，打造简约的欧式风情。该项目房屋层高不是很高，业主提出不需要吊顶，以免感到压抑，所以设计师选择了有欧式风格的吊灯作为顶面装饰。

根据这些要求，设计师很快用计算机制作了一张效果图的小样，整个居住空间以米色系为主，简单温馨之余也不乏细节的精彩（图 6-9）。

客厅和餐厅是居住空间装修里面最直观的部分，也是反映装修风格最突出的地方，在没有确定下这个欧式风格之前，其余房间的效果图可以不急着做，等与业主沟通之后再做进一步的调整。

图6-9　客厅和餐厅效果图

四、与业主的沟通

业主看过平面布置图和效果图之后，对于该项目的空间安排和整体风格有了一个更明确的认识，以前空荡荡的房间在效果图的提示下有了更加直观的感受。业主根据已有的布置，及时地提出了自己新的想法。

设想1：自己以后年纪大了，如果需要儿子贴身照顾，那么让儿子睡在书房里肯定是不行的，次卧改成书房不太能接受，次卧还是要有床和衣柜这些基本设施。

设想2：书房和主卧能否合并在一起？自己有时候看书会很晚，想睡觉的时候能很方便地上床睡觉是最好的。但是主卧空间有限，没有把握能不能摆下书桌和书柜。

设想3：自己平时工作比较忙，不经常打扫卫生，很多生活用品和杂物最好能收在柜子里。原方案中的储物空间较少，能否在有限的空间里面设计一个可以放杂物的地方？

设想4：一进门不想直接看到客厅，能否用屏风之类的东西遮挡一下？保持一点神秘感。

设想5：对于效果图展现的欧式风格不是很喜欢，感觉有些女性化，不符合自己的身份。希望能再简约一些，打造出一个轻松休闲的空间，但是效果图中的浅米色调非常喜欢，希望能保留。

以上这些要求把设计师设计的构想基本上完全推翻了。在与业主的沟通中，业主会逐步提出更多的想法和主张，也许之前都没有留意到的生活细节会慢慢地冒出来，对装修的空间格局会起到很大的影响，也帮助设计师不断完善设计的内容和理念。这时，设计师不要感到沮丧或者是反感，而要站在对方的角度思考问题，每一个设计方案针对的都是非常独立的个体，业主的要求正是源自他们的生活习惯和细节。

在与业主进行沟通的过程中，设计师要有足够的耐心，认真倾听业主的表达，毕竟很多业主都没有装修经验，对于专业知识不甚了解。与此同时，设计师也要善于表达自己的观点，少用专业术语，拉近与客户之间的距离。除了用语言进行口头表达，设计师也可以当场画一些小稿给业主参考。业主看不懂或者不能理解手绘小稿的时候，设计师要尽可能地找到相关的图片或者照片给业主看，让他们更加直观地体会设计师的想法和构思，保证沟通顺畅。

第三节
方案设计阶段的表达

经过之前的沟通，设计师进一步了解了业主的需求和想法，在平面图上开始进行大胆的改动。业主的设想是把书房和主卧合并到一起，保留次卧独立卧室的功能，这样就需要在主卧中想办法增加一个区域能放书柜和书桌；另外，要把次卧的一面墙体留出来放衣柜和杂物柜，这就要想办法增加次卧的墙面。当然，改动的前提是要清楚哪些墙是承重墙不能动的，哪些墙是可以合理拆除的，于是有了下面的改动（图6-10）。

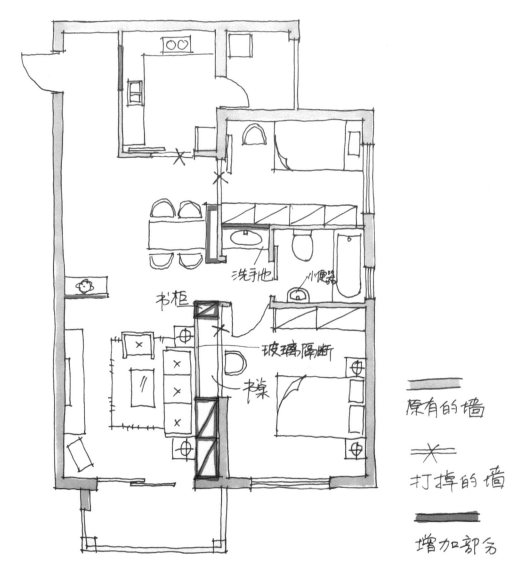

图6-10　修改后的平面草图

改动1：主卧与客厅之间的承重墙不动，拆除部分非承重墙，往客厅外面"推"出来0.6 m做一个书桌，接着在书桌的右手边增加一个到顶面的书柜，可以满足业主放书的需求。再用板材在书桌和客厅之间隔出一个高0.8 m的轻质隔墙，上面安装在一面玻璃隔断，这样既能分割卧室和客厅的空间，又能让视线穿透过去。这种利用玻璃隔断的做法不仅保证了两个空间的相对独立，又在视线上增加了一定的穿透性，无形中让有限的空间显得更开阔。同时，在主卧这面的玻璃隔断前安装百叶窗帘，不需要通透视线的时候把窗帘放下来，保证卧室的私密性。

改动2：将主卧的隔墙往外"推"出来0.6 m后，造成了客厅空间的承重墙那一面显得"凹进去"了一部分，正好可以利用这个"凹进去"的部分沿着承重墙来做一个杂物柜，因为要考虑到杂物柜前面是沙发，杂物柜可以从离地面0.8m的高度做起，下面封死，柜子可以贴墙做到顶面，柜门与玻璃隔断对齐，这样让客厅的空间显得更加完整，既保证了客厅的美观，也增加了很多储物空间。

改动3：将次卧和餐厅之间的非承重墙拆除，改成次卧的进门，利用缩门可以节省空间。进门处的过道造成空间的浪费，沿着次卧和卫生间的墙面将其封起来，形成了一面较为完整的墙体，可以沿着这面墙打造一排柜子，既可以是衣柜，也可以是杂物柜，满足业主需要大量储物空间的要求。

改动4：次卧的过道被封以后，次卧反面空间的宽度刚好可以做一个洗手池，将洗手池改到卫生间的外面，可以使不大的卫生间空出很多地方。考虑到业主和他儿子都是男性，除了马桶再安装一个小便器更为方便。这样一来，无形中增加了卫生间的面积，使得空间的划分更加合理，没有一点浪费。

改动5：考虑到拆除一部分餐厅和次卧的隔墙后，餐厅部分显得有些简陋，可以利用木芯板将剩下的墙体"包"起来做造型，当成餐厅的背景墙，在背景墙上留出一个高0.8 m、深0.32 m的凹槽，可以摆放一些小物品，并在凹槽上部装灯带，让光线柔和地照射到物品上，一方面辅助了餐厅部分的照明，另一方面也让原本简陋的餐厅部分显得很温馨。

平面方案基本确立之后，就可以用概念表达的草图来说明问题（图6-11～图6-13）。其实早在设计平面图的同时，设计师头脑里就要有整个空间的立体框架，这样的表达过程就是方案设计阶段的过程。所以在绘制方案草图的时候，平面图、立面图、透视图往往是结合在一起的，这种结合要求设计师必须将这些空间在脑子里立体化，每个空间的功能、性质都要通盘考虑，哪些是私密空间、哪些是公共空间、如何能将空间利用率提高、如何分配各个空间的面积，等等。

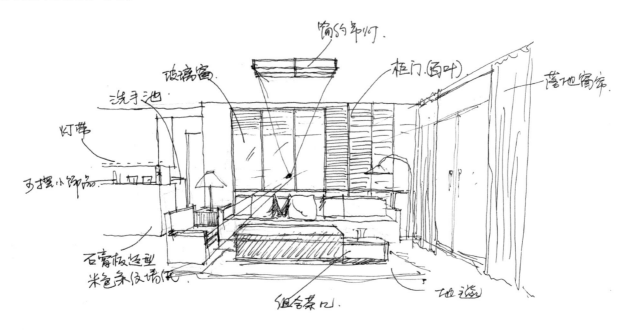

图6-11　客厅和餐厅的方案草图

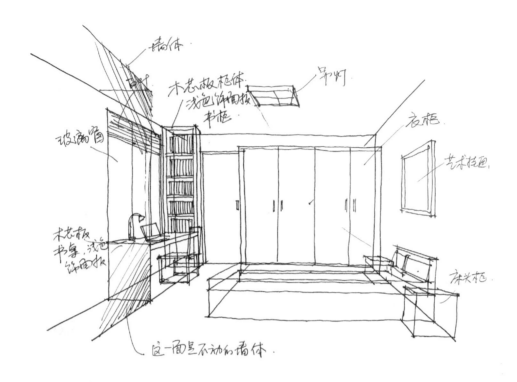

图 6-12　主卧的方案草图

图 6-13　盥洗间的方案草图

　　在绘制方案草图的时候，除了画出空间透视以外，也可以像画立面图一样标示出一些需要说明的地方，比如材料和尺寸等。不需要太注重细节，能反映出设计的意图即可。

　　以上是设计师在思考方案的过程中所绘制的方案草图，体现了设计师不断修正和创造的过程，草图不要拘泥于表现形式，要能清楚地表达所要改造的空间或细节，完整地反映出设计意图，画透视图或立面图都可以，并通过文字标注更清楚地说明问题，这些都是设计师的自我交流和沟通，一步步来理顺设计思路。

第四节
效果图阶段的表达

在基本上确定改造方案后，设计师就可以根据之前的草图来绘制效果图了，之所以要用效果图表达，主要是用于与业主沟通，因为草图是设计师自己的思维过程，一些非专业的业主难免会看不懂，因此要想把方案说清楚，就必须通过更一目了然的效果图来表达。

作为设计师与业主的沟通媒介，效果图一般分为手绘效果图和计算机效果图，两种效果图表现各有特点：手绘效果图看起来比较文艺，具有一定的艺术性；计算机效果图能更加直观地反映空间和材质，具有照片一样的效果。两种效果图表现手法都各具优势，可以根据业主的喜好来选择合适的表达方式。

1. 手绘效果图

下面以主卧的效果图来简单说明一下手绘效果图的表达方式，一点透视比较适合表现大场面的纵深感，根据设计的重点来选择合适的视角来展现要表达的内容。由于此方案的重点改造部分是主卧的部分墙面改造成书桌和书柜，因此选择主卧的窗户位置为视角看过去，能比较全面地反映出改动的部位和设计的效果。

步骤1（图6-14）：绘制出正对视线的墙面，注意高度和长度基本上与房间的数据一致，并且绘出消失点。在画面中，想重点看到画面左侧书柜和书桌，因此消失点要略靠右侧一些，消失点的高度一般在整个空间高度1/2上下的位置。消失点的高低将直接影响画面效果，消失点定得较高，物体不容易被遮挡，显得家具不稳重，画面会显得很轻飘，且缺少焦点；消失点定得较低会让家具前后之间的遮挡过多，前后层次拉不开。因此整个空间高度1/2上下的位置刚刚是一个人站在空间中的视平线的高度，这种高度所看到的物体比较全面，反映的空间也比较亲切。定好消失点后，利用这个点与四角连线，绘制出四周的墙体。

步骤2（图6-15）：在正对面的墙体上找到进门的位置，留出门洞，并在门洞的两边绘制出靠墙的书柜和衣柜的地面面积，再把衣柜和书柜的高度画出来，将家具"竖"起来，根据地面面积往消失点连线，把两个柜体的体积感表现出来。

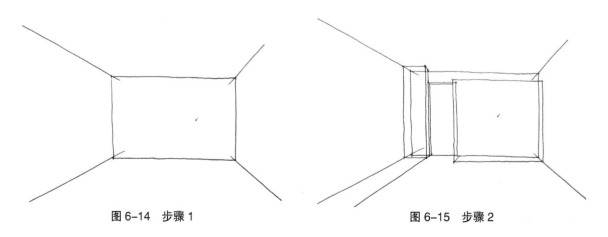

图6-14　步骤1　　　　　　　　　　　　　　　　图6-15　步骤2

步骤3（图6-16）：接着绘制出床、床头柜、书桌在地面上的投影面积，注意尺度感，这种尺度感对于初学者来说可以通过地面上分格的办法来辅助，对于有一定基础的设计师来说，平时所储备的专业基础功底就能保证很快地找到"感觉"，比较准确地徒手画出各部分的比例和尺度图。

步骤4（图6-17）：将空间里面的主要物体都"立体化"，所有的高度、厚度都根据尺度画准确。这个阶段完成后，就基本上能把整个空间所要表现的物体大致确定下来了，而且空间透视也很准确，在此基础上就可以深化细节了。更进一步深化细节的时候，有两种办法：第一种办法是另外拿一张纸蒙在这个线稿上面，透过线迹重新用针管笔描绘；第二种办法是在前面的稿子都是用铅笔画的基础上，把铅笔稿子轻轻擦去，只留下自己能看得见的淡淡的线迹，再用针管笔进行勾勒。这两种办法都能使画面的透视准确，同时也保证了画面的干净完整。

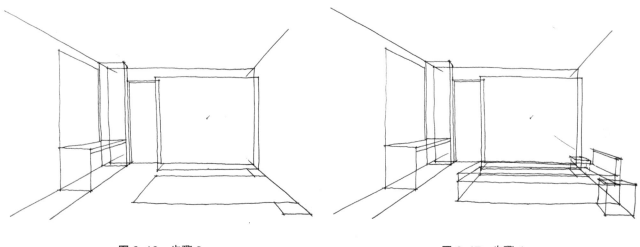

图6-16 步骤3 　　　　　　　　　　　图6-17 步骤4

步骤5（图6-18）：用针管笔勾线的时候，要尽量让线条显得放松，不一定要画得很直，保持画面有一定的"画味"才能体现手绘效果图的特点。勾线的同时，要注意添加空间里面的陈设品来丰富空间，这时，之前所搜集的小陈设品或家具的样式就派上了大用场，根据整个空间的风格来配置一些陈设品，能让原本单调的空间马上活泼生动起来。

客厅改造后和盥洗间改造后的效果图如图6-19、图6-20所示。

图6-18 步骤5

图 6-19 客厅改造后效果图

图 6-20 盥洗间改造后效果图

2. 计算机效果图

计算机效果图是通过 3DS MAX 或 SKETCH UP 等软件制作出来的模拟室内真实效果的图片，在材质、灯光的渲染下，具有很强的真实性，有着可以和"照片"媲美的效果。因此在做计算机效果图的时候，尽可能地利用材料贴图来反映装修后的效果，并通过灯光渲染环境来打动业主。

下面两幅计算机效果图比较真实地反映了客厅、餐厅和主卧这几个重点改造对象。主卧改造后，卧室和书房很好地结合在一起，并且使视线得到了很好的延伸，清楚地反映了改造意图（图 6-21、图 6-22）。

图 6-21 客厅和餐厅计算机效果图

图 6-22 主卧计算机效果图

在界面的处理上，选用偏暖的米色系作为主色调，在大面积墙面和顶面刷白的基础上，选用米色系的条纹墙纸来装饰作为重点的电视背景墙和餐厅背景墙，橡木色的地板营造出沉静温馨的感觉，并且选用同色系中较深的踢脚线收边，使得整个空间显得稳重又不花哨，在轻松休闲之余突出亲切温馨的效果。

在家具的选择上，尽量以简约的直线型为主，稳重大方，很好地衬托出业主的品位和修养。在灯具的选择上，做了一点小小的改变，多用圆形和弧形造型为主的吊灯，可以给空间增加一些细节上的变化，富有趣味。

第五节
施工图阶段的表达

经过前面方案的修改和效果图的展现，业主欣然接受了整个项目装修的风格，对于大胆的改动十分满意，完全达到了他预想中的效果，效果图更是让他直观地感受到未来"家"的样子。至此，这个装修风格的构思和设计基本上定了下来，接下来就需要去实现这个"家"的蓝图。

如果把设计草图看成是设计师与自己的交流，把效果图看成是设计师与业主的交流，那么施工图就是设计师与施工方的交流媒介了。施工图是表达装修房屋内部构造、装修材料以及设备安装等要求的图样。施工图具有表达准确、要求具体的特点，是进行工程施工、编制施工图预算和施工组织设计的依据，也是进行技术管理的重要技术文件。一套完整的家装施工图一般包括平面图、立面图、节点图等。其中平面图还可以包括平面布置图、地面布置图、顶面布置图、水电布置图等。这些都要精确地表达相关物体尺寸的大小、材质和做法。图纸画得越细，越能减少不必要的麻烦和沟通，越能更好、更快地指导工人施工（图6-23~图6-30）。

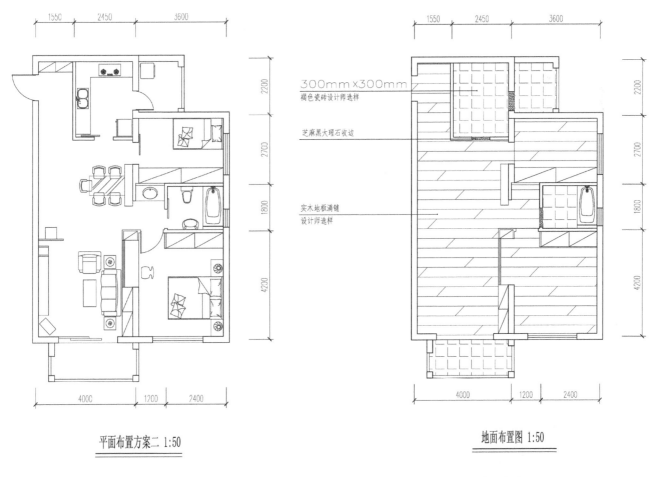

平面布置方案二 1:50

地面布置图 1:50

图6-23　平面布置图

图6-24　地面布置图

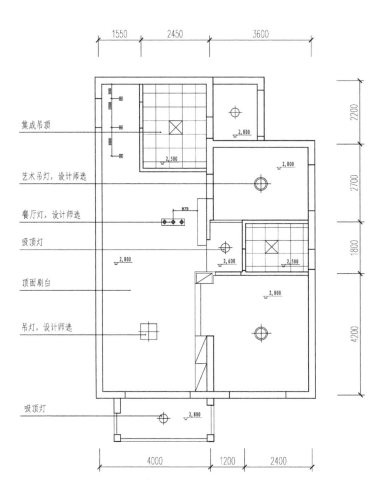

集成吊顶

艺术吊灯,设计师选

餐厅灯,设计师选

吸顶灯

顶面刷白

吊灯,设计师选

吸顶灯

顶面布置图 1:50

图 6-25 顶面布置图

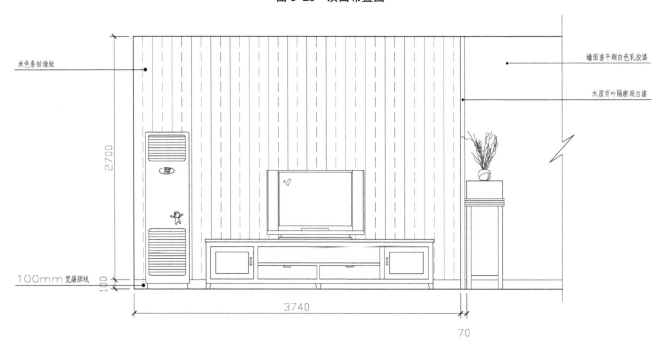

米色条纹墙纸

墙面凿平刷白色乳胶漆

木质百叶隔断刷白漆

100mm 宽踢脚线

图 6-26 客厅电视背景墙立面图

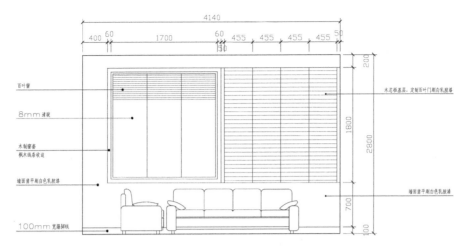

图 6-27　客厅卧室隔断立面图

百叶窗

8mm 清玻

木制窗套
枫木线条收边

墙面盖平刷白色乳胶漆

100mm 宽踢脚线

木芯板基层，定制百叶门刷白乳胶漆

墙面盖平刷白色乳胶漆

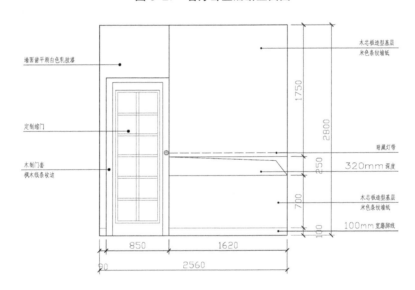

图 6-28　餐厅背景墙立面图

墙面盖平刷白色乳胶漆

定制缩门

木制门套
枫木线条收边

木芯板造型基层
米色条纹墙纸

暗藏灯带

320mm 深度

木芯板造型基层
米色条纹墙纸

100mm 宽踢脚线

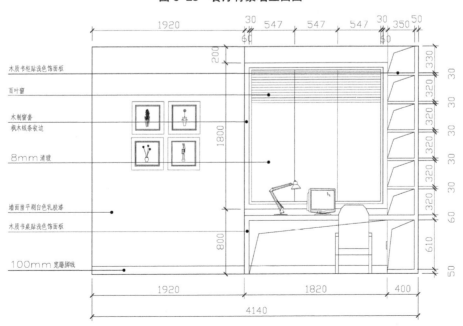

图 6-29　卧室书柜书桌立面图

木质书柜贴浅色饰面板

百叶窗

木制窗套
枫木线条收边

8mm 清玻

墙面盖平刷白色乳胶漆

木质书桌贴浅色饰面板

100mm 宽踢脚线

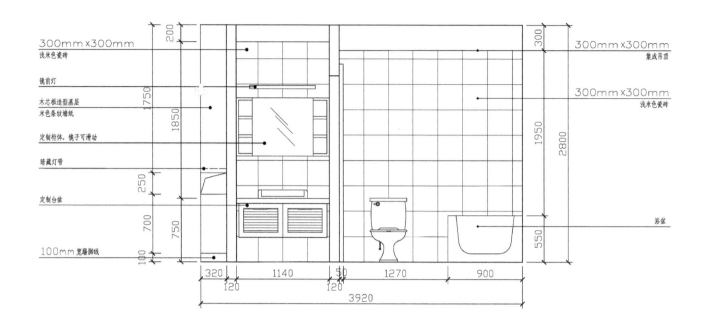

图 6-30 盥洗间立面图

第七章

居住空间设计佳作欣赏与实例解析

【教学目标】

本章从实际项目中选取了一些富有代表性的案例，通过这些案例的赏析，可以从多个角度了解到当代居住空间设计的特点，学习到如何在施工图和效果图上完整的表达设计理念，更能在设计思维上起到一定的启迪作用。

【教学重难点】

重难点在于掌握设计方法。

【实训课题】

以所给案例的其中一套为作业，安排学生重新设计，并绘制出完整的施工图和效果图，装订成方案本。

第一节
案例一：某三室两厅空间改造

项目介绍：本项目位于某小区内，高层 2 楼，三室两厅两卫，建筑面积约为 140 ㎡，层高 3 m，框架结构。进门左边是封闭阳台，右边是厨房，再往前是两个体型较大的承重柱，这两个承重柱由于位置特殊，靠近进门、厨房和餐厅，因此是本次改造的重点，其余空间划分较为明确。

1. 方案 1

方案 1 中做了如下改动（图 7-1～图 7-4）。

改动 1：沿着柱子外围包起来，做成一个储藏间，增加室内的储物面积，方便收纳。

改动 2：靠餐厅的立面利用砂岩和镜子来装饰墙面，拓宽视觉空间。

其余空间均维持原有现状。

方案点评：此方案以实用为主，利用空间将几个功能区划分得十分得当，保证了每个空间的独立性和完整性，砂岩和镜面的组合起到了很好的视觉效果，既体现了材料的虚实对比，又丰富了空间层次。

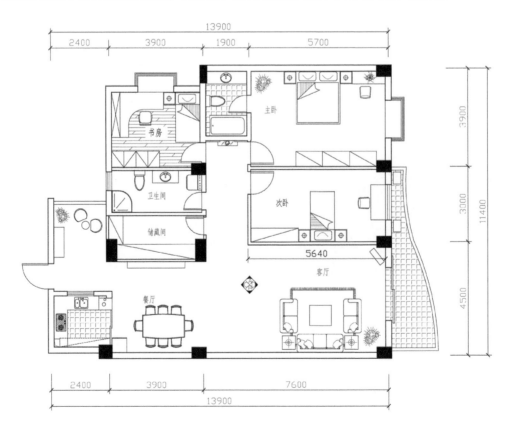

平面布置图 1:75

图 7-1 平面布置图

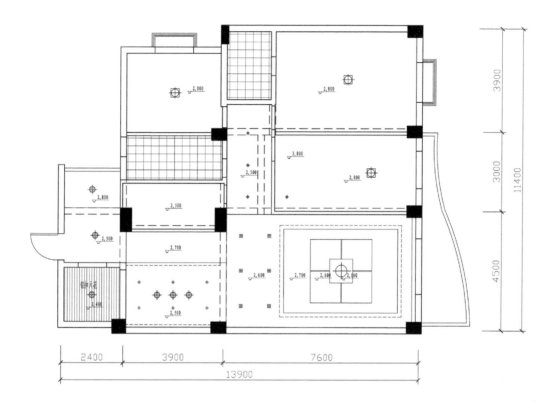

顶面布置图 1:75

图 7-2   顶面布置图

图 7-3   客厅、餐厅效果图

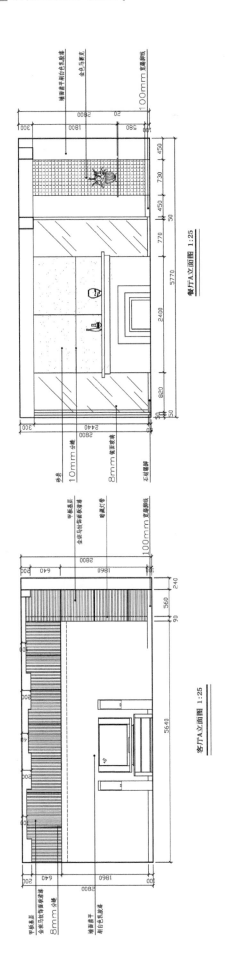

餐厅A立面图 1:25

客厅A立面图 1:25

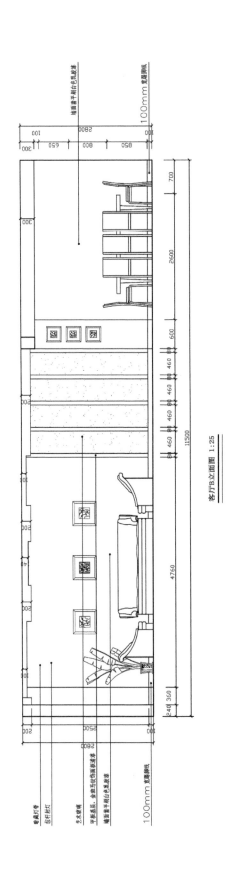

客厅B立面图 1:25

图7-4 客厅、餐厅立面图

2．方案 2

方案 2 中做了如下改动（图 7-5～图 7-8）。

改动 1：延续方案 1 对于柱子的改造，只是减少储藏间的面积，露出柱体的一部分用来做装饰性的壁炉。

改动 2：在客厅和餐厅之间的墙体上做背景墙，利用石膏板做造型，丰富空间层次。

改动 3：将次卧和客厅的墙体中间拆除一部分，并往客厅推出 350 mm，两边暗藏灯带。在卧室里面利用凸出去的部分打造衣柜，方便储物。

方案点评：此方案在方案 1 的基础上进一步完善，保证了储物间的同时，也在空间的形式感上做了一些细节处理，比如增加展示背景墙和电视背景墙造型等，丰富了立面的视觉感受。

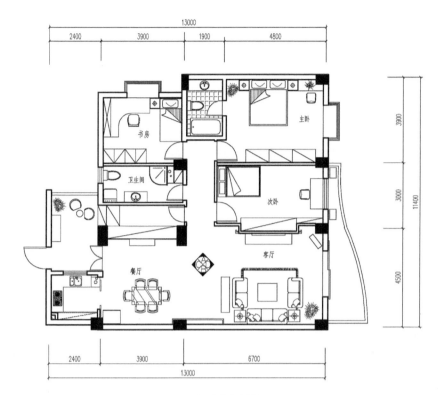

平面布置图 1∶75

图 7-5　平面布置图

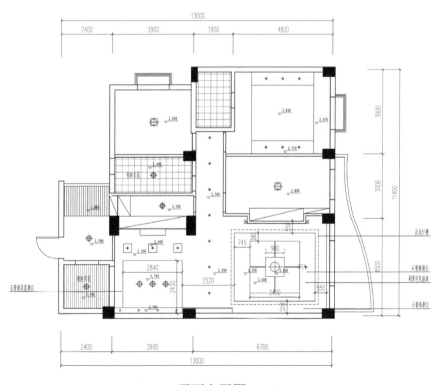

顶面布置图 1∶75

图 7-6　顶面布置图

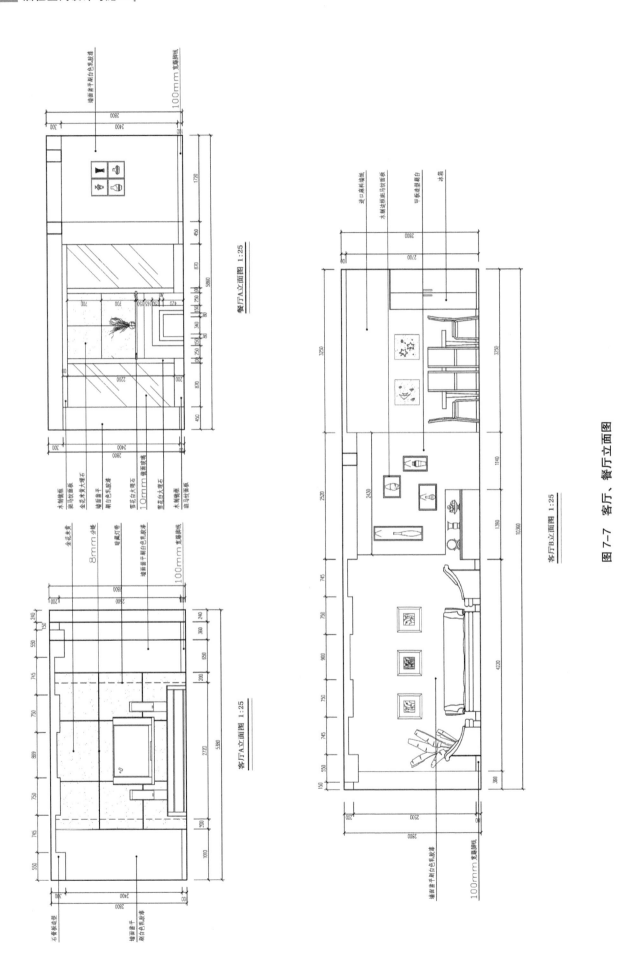

餐厅A立面图 1:25

客厅A立面图 1:25

客厅B立面图 1:25

图7-7 客厅、餐厅立面图

图 7-8　客厅、餐厅效果图

3. 方案 3

方案 3 中做了如下改动（图 7-9 ～图 7-13）。

改动 1：把餐厅的柱子做装饰性的处理，将餐桌"嵌"在两个柱子中间。

改动 2：将厨房向外延伸，沿墙面做成操作台和吧台，无形中增加了厨房和餐厅的面积，并打破了就餐空间和厨房间的隔阂。

改动 3：把较为狭长的次卧隔成两半，留出外面的一部分作为储藏间，增加收纳空间。

改动 4：把次卧和客厅之间的一段墙体拆除一部分，形成门洞，并在这个洞中镶嵌一个鱼缸。

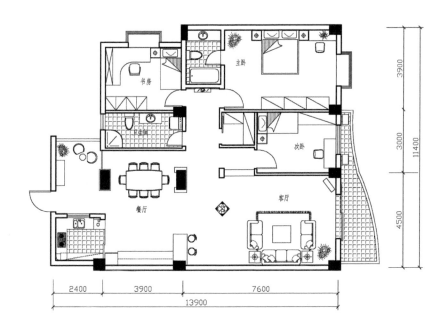

平面布置图　1:75

图 7-9　平面布置图

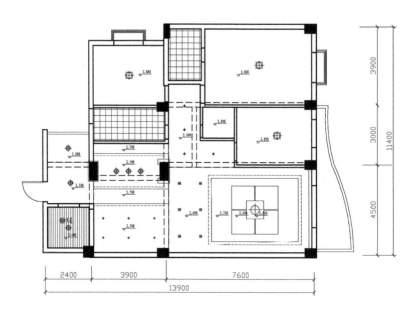

顶面布置图 1:75

图 7-10　顶面布置图

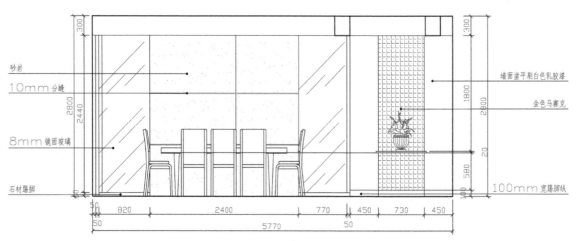

砂岩

10mm 分缝

8mm 镜面玻璃

石材踢脚

墙面凿平刷白色乳胶漆

金色马赛克

100mm 宽踢脚线

餐厅A立面图 1:25

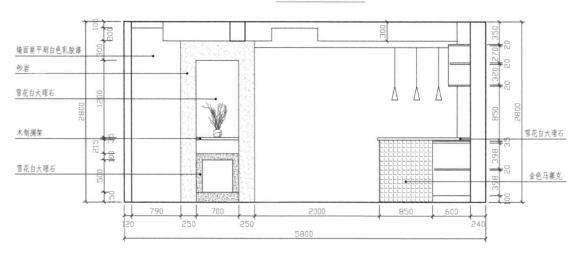

墙面凿平刷白色乳胶漆

砂岩

雪花白大理石

木制搁架

雪花白大理石

雪花白大理石

金色马赛克

餐厅D立面图 1:25

图 7-11　餐厅立面图

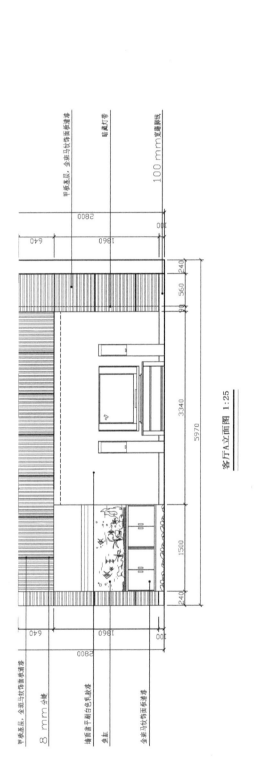

客厅A立面图 1:25

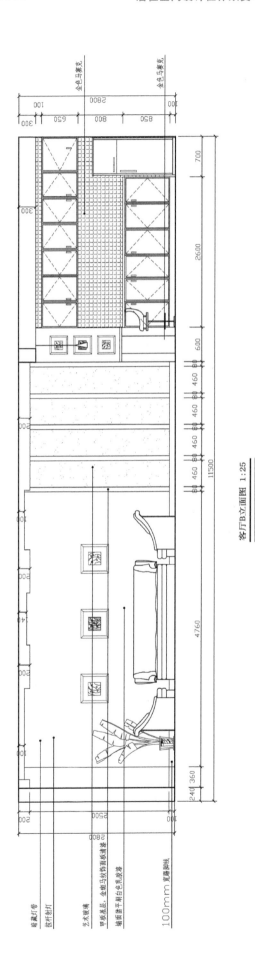

客厅B立面图 1:25

图7-12 客厅立面图

图 7-13　客厅、餐厅效果图

　　方案点评：此方案设计较之方案 2 更加大胆，具有创意。把餐厅裸露的两个柱子用石材包起来，做成相对的两个展示区，使得空间更加具有趣味性。在餐厅的设计上，做成一个开敞式的厨房和吧台，合理增加了厨房的操作区域，同时吧台也起到了划分空间的作用。在客厅的电视背景墙用鱼缸作为装饰，整个空间活泼生动，富有情趣。

第二节
案例二：某中式居住空间设计

　　项目介绍：本项目是一套三室两厅两卫的住宅，建筑面积约为 140 ㎡，层高 28 m，框架结构。进门左边是客厅，右边是餐厅和厨房，最大的主卧里面包含了卫生间和更衣间，另有书房和次卧各一间。

　　方案说明：在一进门的右侧增加一个玄关和鞋柜，可以换鞋和放置物品，同时也限定了餐厅的空间。将次卧和客厅的隔墙延伸出一部分，侧面做杂物柜，正面结合客厅背景墙做造型（图 7-14～图 7-17）。

　　方案点评：此方案以新中式风格为主，因此在室内界面的处理上都采用内敛大气的造型，材质上选择稳重深沉的胡桃木、黑檀等饰面板。相应的新中式风格家具，既能体现古典气息，又不会显得过于老气。另外，在室内陈设品的选择上，也将带有古典人文气息的装饰画和陈设品点缀其间，营造了一个具有诗意的温馨家居环境。

平面布置图 1:75

图 7-14 平面布置图

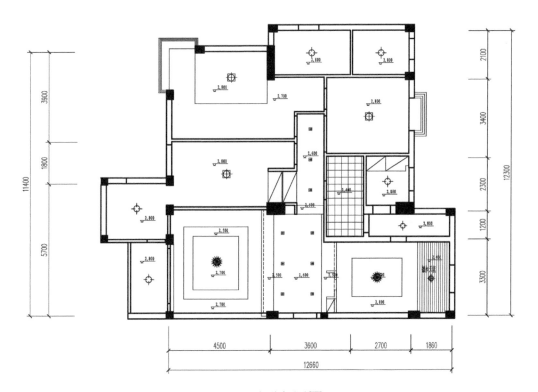

顶面布置图 1:75

图 7-15 顶面布置图

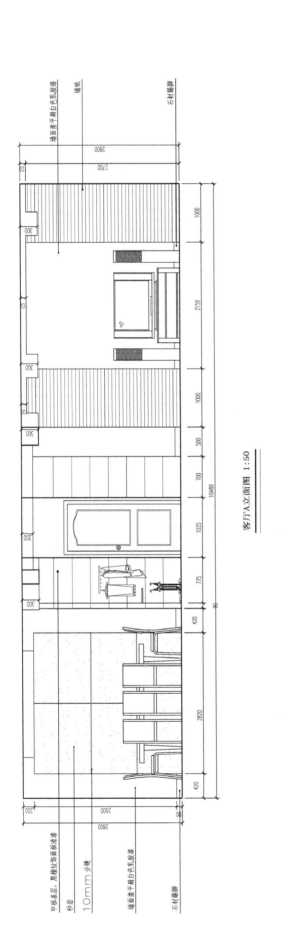

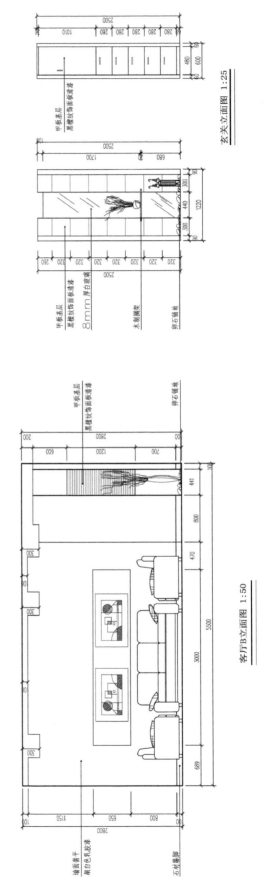

图 7-16 客厅、餐厅、玄关立面图

图 7-17 客厅效果图

第三节
案例三：某样板房设计

项目介绍：本项目是一套两室两厅一卫的样板房，建筑面积约为 90 m²，层高 2.85 m，框架结构。空间布局合理，利用率高。

方案说明：本项目室内空间非常紧凑，因此在整个风格的定位上以现代简约为主，反映出清爽简洁、大方明快的室内效果，室内色调以暖色系为主，给人温馨亲切的感觉。家具和陈设品的选择上体现简单大方的效果，作为样板房能满足大众参观的需求，赢得客户的满意（图 7-18～图 7-30）。

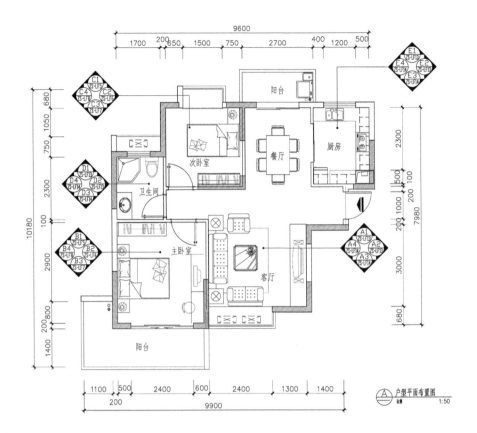

图 7-18　平面布置图

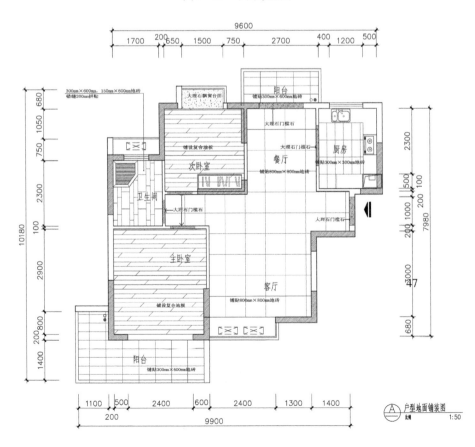

图 7-19　地面铺装图

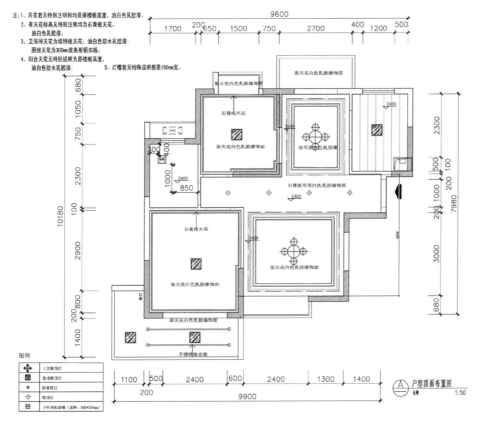

注:1、天花若无特别注明的均是原楼板高度,油白色乳胶漆.
　2、有天花标高无特别注明均为石膏板天花,
　　油白色乳胶漆.
　3、卫浴间天花为埃特板天花,油白色防水乳胶漆;
　　厨房天花为300mm宽条形铝扣板.
　4、阳台天花无特别说明为原楼板高度,
　　油白色防水乳胶漆; 　5、灯槽若无特殊说明都是150mm宽.

图 7-20　顶面布置图

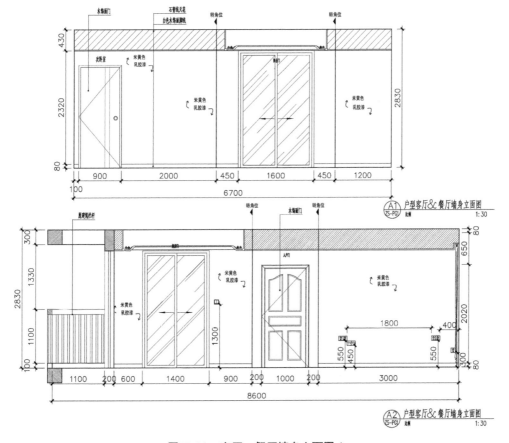

图 7-21　客厅、餐厅墙身立面图 1

111

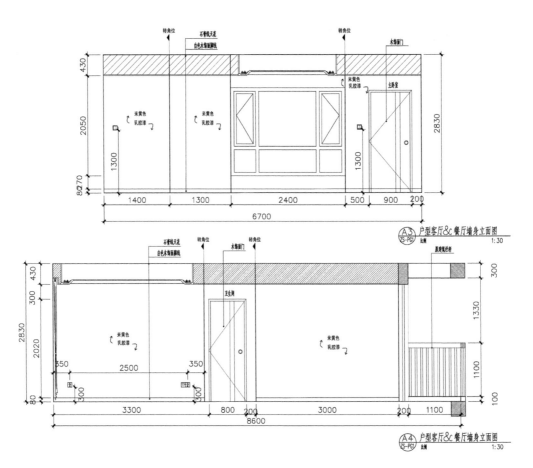

图 7-22　客厅、餐厅墙身立面图 2

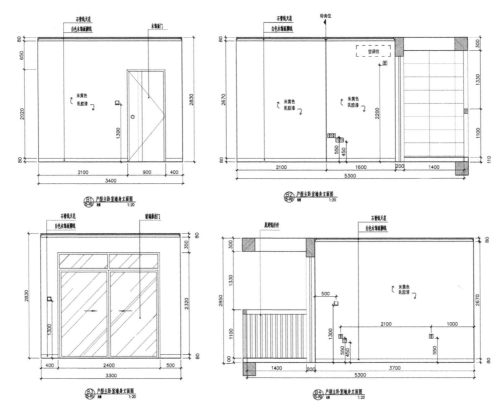

图 7-23　主卧室墙身立面图

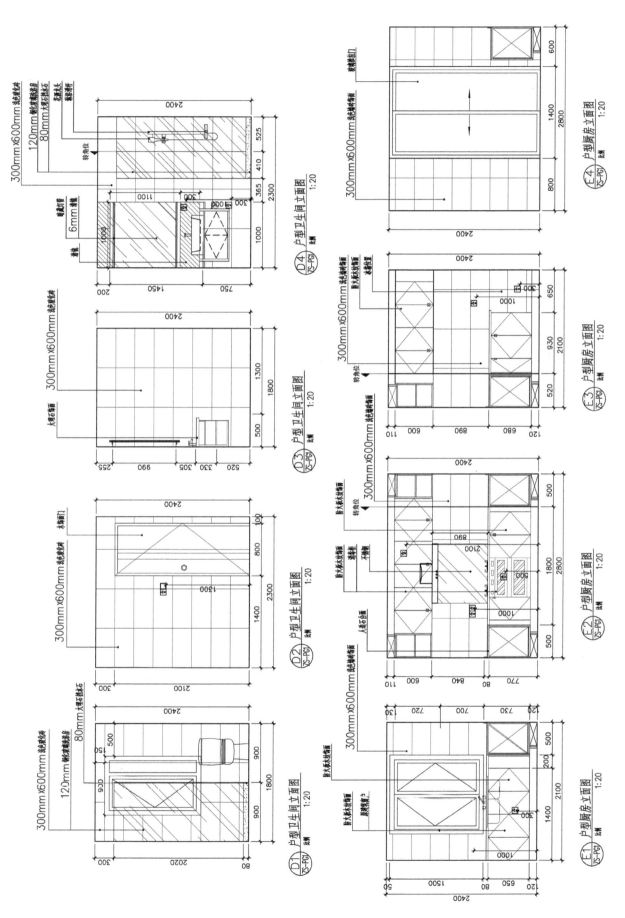

图7-24 卫生间、厨房立面图

图 7-25   客厅实景 1

图 7-26   客厅实景 2

图 7-27　餐厅实景

图 7-28　主卧实景

图 7-29　卫生间实景 1

图 7-30　卫生间实景 2

第四节

案例四：某样板房设计

项目介绍：本项目是一套两室两厅一卫的样板房，建筑面积约为 80 ㎡，层高 2.85 m，框架结构。空间布局合理，利用率高。

方案说明：本项目室内空间布局合理，在整个风格的定位上以现代简约为主，反映出清爽简洁、大方明快的室内效果，室内色调以暖色系为主，在家具和陈设上也多选用米色、白色等近似色的色调，整个空间显得优雅大气，细节处更能体现设计者的人文关怀（图 7-31 ~ 图 7-41）。

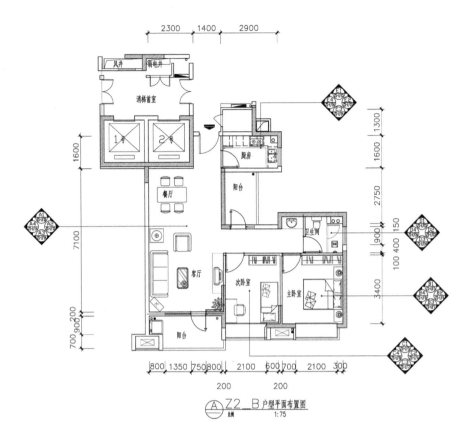

图 7-31　平面布置图

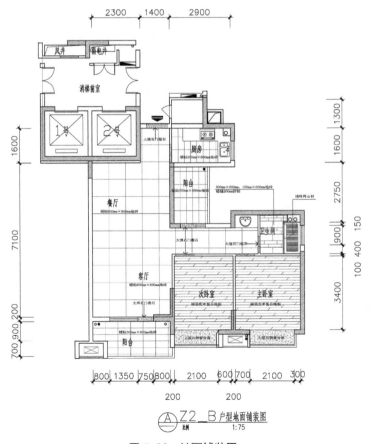

图 7-32　地面铺装图

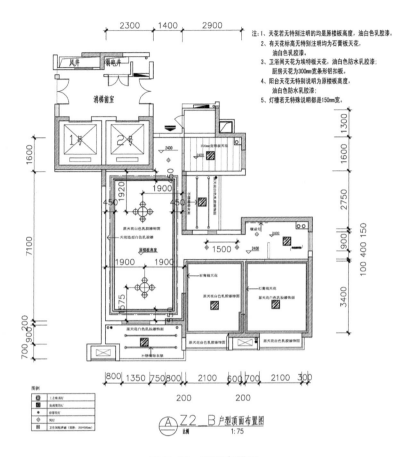

注：1、天花若无特别注明的均是原楼板高度，油白色乳胶漆。
2、有天花标高无特别注明均为石膏板天花，油白色乳胶漆。
3、卫浴间天花为埃特板天花，油白色防水乳胶漆；厨房天花为300mm宽条形铝扣板。
4、阳台天花无特别说明为原楼板高度，油白色防水乳胶漆。
5、灯槽若无特殊说明都是150mm宽。

A Z2_B户型顶面布置图 比例 1:75

图 7-33　顶面布置图

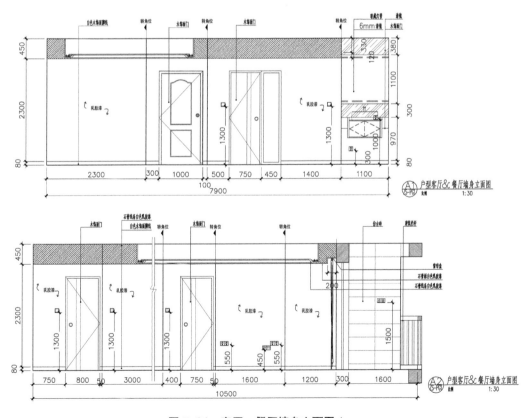

户型客厅&餐厅墙身立面图 1:30

户型客厅&餐厅墙身立面图 1:30

图 7-34　客厅、餐厅墙身立面图 1

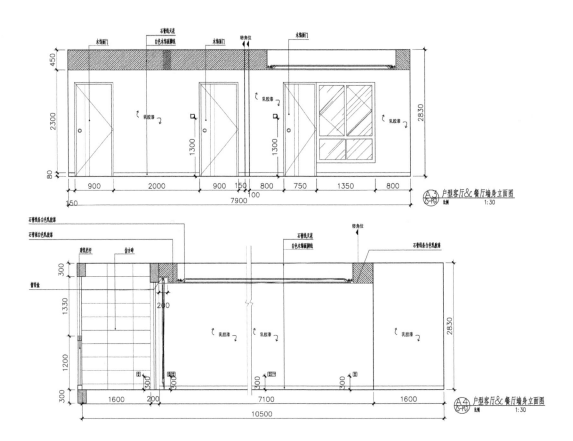

图 7-35　客厅、餐厅墙身立面图 2

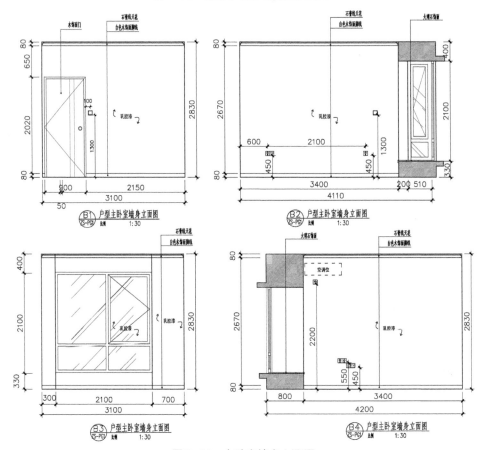

图 7-36　主卧室墙身立面图

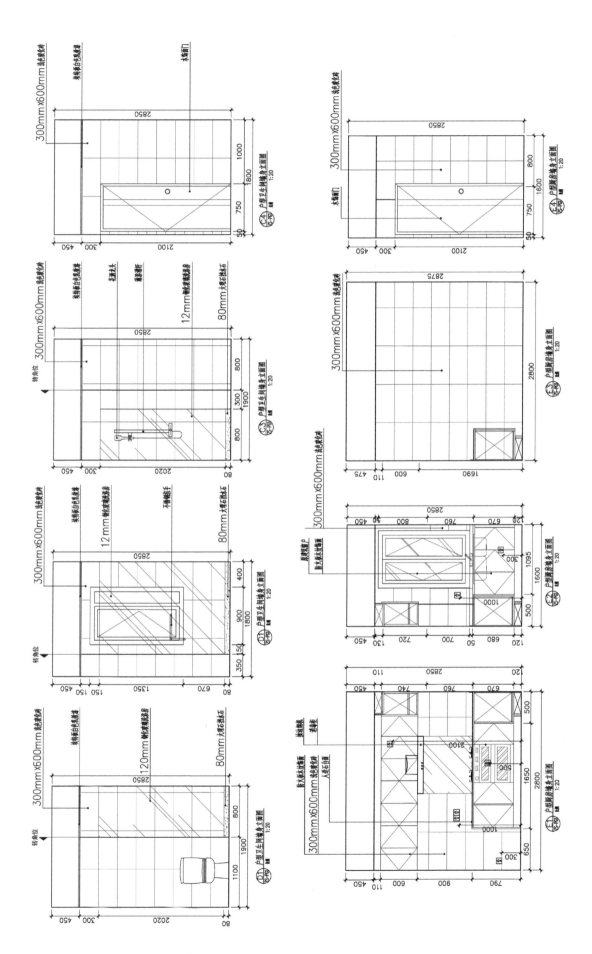

图 7-37 卫生间、厨房墙身立面图

图 7-38　客厅、餐厅实景

图 7-39　餐厅实景

图 7-40　主卧实景

图 7-41　次卧实景

[1] 来增祥，陆震纬. 室内设计原理上册 ［M］. 北京：中国建筑工业出版社，2006.

[2] 吕永中，俞培晃. 室内设计原理与实践 ［M］. 北京：高等教育出版社，2008.

[3] 毕秀梅. 室内设计原理 ［M］. 北京：中国水利水电出版社，2009.

[4] 中国建筑装饰协会. 室内建筑师培训考试教材 ［M］. 北京：中国建筑工业出版社，2007.

[5] 刘盛璜. 人体工程学与室内设计 ［M］. 北京：中国建筑工业出版社，2004.

[6] 李书青. 室内设计基础 ［M］. 北京：北京大学出版社，2009.

[7] 阮宝湘，董明明，邵祥华. 工业设计人机工程 ［M］. 北京：机械工业出版社，2010.

[8] 张书鸿. 室内设计基础 ［M］. 武汉：华中科技大学出版社，2010.

[9] 张瀚，王波. 室内空间设计 ［M］. 北京：科学出版社，2008.

[10] 霍维国，霍光. 室内设计教程 ［M］. 北京：机械工业出版社，2012.